RECHERCHES

GÉNÉRATIONS SPONTANÉES

ET SUR

LA MATIÈRE, SES PROPRIÉTÉS ET SES LOIS

RECHERCHES

SUR LES

GÉNÉRATIONS SPONTANÉES

ET SUR

LA MATIÈRE, SES PROPRIÉTÉS ET SES LOIS

PAR

MICHEL-HYACINTHE DESCHAMPS

Ancien Aide-Naturaliste au Muséum,
Lauréat Montyon (médailles d'or), médailles d'argent du choléra,
Chevalier de la Légion d'honneur,
Ancien interne, Docteur en médecine, Médecin de la Salle d'asile,
de l'École chrétienne, du Bureau de bienfaisance,
de l'Orphelinat du Prince Impérial, etc.

ἀληθῶς ἔχει.

PARIS

CHEZ LEIBER, LIBRAIRE-ÉDITEUR

13, RUE DE SEINE-SAINT-GERMAIN, 13

—

1867

A

MON EXCELLENT AMI

EUGÈNE QUILLET

AGRICULTEUR

O fortunatos nimium, sua si bona nórint,
Agricolas!

Quelle immense félicité pour les agronomes s'ils avaient conscience de leur bien réel ! Le bonheur, et Virgile a raison de le faire sentir, accompagne la vie active, variée et fructueuse des champs. La terre, *alma mater*, arrosée de sueurs, rend au centuple les semences confiées à ses entrailles fécondes. Docile à lamain de l'homme, elle se met constamment à l'œuvre, pour effacer les ravages de ses moissons par un ciel irrité; mieux on la cultive, plus elle produit; et la fortune se règle sur l'étendue et la force du travail; c'est de la science positive.

A la ville le sol est ingrat ; les meilleures cultures de l'esprit conduisent rarement à l'opulence. Un tel contraste de grandeur et d'infortune inspire une pensée noble et consolante ; Aristote dit : «*Les sciences ont des racines amères, mais les fruits en sont doux.* » Libre à chacun de les savourer, après les avoir fait naître. Quoiqu'ils diffèrent beaucoup du célèbre fruit spontanément apparu sur l'arbre de la science du bien et du mal, il s'y est glissé un mauvais germe, nouvelle cause de malheurs, véritable pomme de discorde. Autrefois l'aiguillon de la gloire stimulait le zèle, indispensable à ces productions du génie dont la France s'honore. Un peu de fortune, beaucoup de découvertes ; tel était le vœu du savant ; aujourd'hui les vœux sont rares ; cependant ils ne sont pas défendus par la loi. D'où vient le mal? De la Germanie, contrée des études trop vantées pour le microscope, et des légendes les plus fantastiques. A l'aide d'un stratagème renouvelé des Grecs, les penseurs allemands ont lancé contre nous un système redoutable, le *positivisme*, ou la matière créatrice richement parée. La foule, avide de nouveautés, délaisse la science pour les richesses, prend l'ombre pour la proie, sans voir que la clef d'or ouvre les consciences cupides ou malheureuses et ferme le temple de la gloire. Avec ce dangereux système, une monade scientifique parvenue aux splendeurs du monde peut écraser le talent viril ; c'est la voie de l'abrutissement et de l'esclavage.

L'abandon du sens moral n'est pas en France de longue durée : la réaction commence ; espérons tout de l'avenir. Qu'ils étaient beaux les jours de notre studieuse enfance ! Arrêtons-nous un peu à ces temps fortunés.

Plaute s'écrie : Où vas-tu avec ta lanterne? Je viens soigner les bêtes, répond l'homme des champs. Je cherche un homme, disait le cynique Diogène aux Athéniens. Voilà toute une règle de conduite : *faire le bien* avec l'agriculteur, et *laisser dire* le philosophe.

Sage maxime ! point fixe au milieu du tourbillon des affaires, léger calme dans la tempête ; on voudrait s'y arrêter, et la grande voix de Bossuet fait entendre : Marche, marche, jusqu'à la fin dernière! On s'achemine vers le travail avec confiance, sans répéter encore avec le lion déjà vieux : *Bis moriar*. Mais le temps fuit ;

Et dulces moriens reminiscitur Argos.

Et l'on s'afflige aux accents harmonieux et tristes du *Cygne de Mantoue*, contraint jadis de quitter sa cabane, asile de ses ancêtres, séjour délicieux des loisirs de sa jeunesse. Ah! il existe des douleurs aussi longues que la vie : le poëte les chante, le savant modère leur cours, un ami véritable tel que toi, les fait oublier, et jamais on ne l'oublie.

DESCHAMPS

Le 22 octobre 1867.

RECHERCHES

SUR LES

GÉNÉRATIONS SPONTANÉES

DES CELLULIPARES

ET SUR

LA MATIÈRE, SES PROPRIÉTÉS ET SES LOIS

PROLÉGOMÈNES

Le livre de la nature, splendide et merveilleux ouvrage, reste toujours ouvert à la page de la création. Pour le déchiffrer et le comprendre en quelque partie de sa vaste étendue, nous devons ployer nos sens à son étude et soumettre notre esprit au langage des faits exacts, réels et positifs.

Chaque jour le savant épelle la ligne tracée à ses organes sensoriels ; mais s'il possède une imagination trop vive, il dépasse le but de l'observation et de l'expérience ; il s'éloigne du texte matériel ; il met l'idée à la place du fait. Voilà pourquoi la science est en retard sur le principe des phénomènes naturels.

Malheur à qui sait lire correctement au chapitre suprême de l'*esprit* et de la *substance !* On a crucifié le divin auteur

1

de la morale ; on persécute encore les génies trop étincelants ; la vérité fait peur. Étonnez-vous donc de voir le mal dominer le bien quand on en cultive l'erreur, hydre redoutable, souvent funeste au moindre progrès. Tout savant doit prendre pied à la matière , sans quoi il s'éloigne de l'œuvre de la création ; il juge dans le vide ; son esprit se perd sans retour par l'idéal ; matérialisme, positivisme, panthéisme, expressions variées d'un naturisme chimérique, passent aisément à travers le royaume de l'imagination sans contrôle, sans limites. Ah ! quand on veut arracher à la nature son secret, il faut tant de patience, tant de recherches ! Humble artisan de la science, nous avons employé nos forces à tourner et retourner la matière , et aujourd'hui nous apportons peut-être notre dernier grain de sable pour concourir à édifier, selon **Horace**, le *monument durable* , supérieur de beaucoup aux statues de bronze, œuvres destructibles, trop tardives pour consoler de la vie de nobles cœurs tombés martyrs dans le sentier de la gloire et du travail, tout parsemé de *points noirs*. Quel silence autour de Bichat pendant sa vie ! quel bruit après la mort du grand homme ! C'est, dans la succession des âges, un magnifique éloge pour le talent véritable, oublié et méconnu. Un jour on vantait Démosthènes, également passé à l'immortalité. Que serait-ce, disait Eschyle, si vous aviez entendu la bête farouche, τὸ Θηρίον? A la mort, le voile tombe , le génie paraît, et alors on voit couler des larmes de crocodile aussi fausses que la mélopée des sirènes.

CHAPITRE PREMIER

ORIGINE ET NATURE DE LA MATIÈRE

L'éternité de la matière, source idéale du panthéisme, fut une croyance très-répandue chez les anciens. Aristote, Épicure, Ocellus Lucanus, ont proclamé la matière éternelle. « Car si du néant pouvait sortir un corps, dit Lucrèce, toute espèce d'êtres animés pourrait sortir d'un objet quelconque : les animaux et les plantes n'auraient pas besoin de germes. » Et, ajoute M. de Fonvielle, d'après la pensée du poëte qu'il traduit : « La négation de la génération spontanée est la base même de la négation d'un pouvoir créateur. »

Les travaux les mieux frappés au coin du génie laissent toujours à désirer : le pouvoir de l'homme a des limites : Dieu seul, cause première inconnue dans son essence, est infini : il a créé la matière. Les chefs-d'œuvre dont l'humanité s'honore, créations purement intellectuelles, sont obligés de passer du fictif au réel, sans quoi l'esprit s'égare dans les méandres imaginaires ; il devient inintelligible ; c'est la folie.

La matière n'est pas un être de raison ; elle tombe sous nos sens : elle diffère des termes abstraits, comme le temps, mesure de la durée des choses, comme l'espace, marque de l'étendue.

Il y a constamment une différence notable entre les objets matériels et les actes de l'intelligence. Tout ce qui est fondé sur la matière ne résiste pas au temps et retourne en poussière : chaque jour nous sommes témoins des causes lentes ou rapides de la mort, de la destruction. L'intelligence domine la matière et la dirige; elle est, selon la juste remarque de lord Palmerston, la seule puissance durable et invincible ; elle maintient tout ; elle renverse tout ; elle gouverne les peuples, enrayant la force brutale, intermittente et passagère : d'où il résulte que la grandeur et la décadence des nations reposent spécialement sur la culture de l'esprit (1). Qui donc préside aux destinées du ciel et de la terre? N'est-ce pas une intelligence supérieure? Ce fut l'idée de Napoléon. L'illustre guerrier reprochait un jour à Laplace d'avoir omis le nom du Créateur au milieu des splendeurs de la création : Sire, répondit le savant auteur de la *Mécanique céleste*, je n'ai pas eu besoin de cette hypothèse. Et cependant le premier moteur des sphères en mouvement perpétuel existe; quel est son nom? Ah! sans la main puissante de Dieu pour soutenir le monde, les cieux crouleraient.

L'époque de la création, événement le plus considérable de tous, échappe à la chronologie; les calculs les plus ingénieux à cet égard effleurent à peine la vérité. Oui, tout est hypothétique, sans valeur réelle, quand on s'attaque, en dehors de la science, au premier jour. L'Irlandais Usher a fixé l'an du monde à 4000 avant la nativité ; les bénédictins de Saint-Maur, célèbres par leur érudition immense, ont admis 4963, chiffre plus élevé, mais qui remonte tout au plus à l'époque des patriarches, vers les temps héroïques. Hardi pionnier de la science, Adanson, en parcourant l'Afrique, climat terrible aux voyageurs, découvrit au Sénégal des *baobabs* dont la durée

(1) *N. B.* C'est le vœu de l'Empereur ! Ainsi « Dans le pays du suffrage » universel, tout citoyen doit savoir lire et écrire, » — Voyez *Journal des Connaissances médicales*, par M. CAFFE, le 30 septembre 1867.)

épouvante l'esprit ; ils avaient plus de 6000 ans ! Ainsi qu'il résulte de l'accroissement annuel de ces monstrueux végétaux, d'après la table calculée par le savant naturaliste. Quelques baobabs (*adansonia digitata*) ont quatre-ving-dix pieds de circonférence. Richard rapporte que le dragonier des Canaries (*dracœna*, *draco*, L.) mesurait en 1799, selon de Humboldt, un stype de quarante-cinq pieds de pourtour à sa base. Autrefois, en 1402, Bethencourt a reconnu au même arbre une grosseur à peu près égale, tant se fait avec lenteur, chaque année, l'augmentation du diamètre. Les arbres dicotylédonés produisent une couche annuelle et concentrique à la tige, de sorte que l'on peut juger aisément de l'âge ou de la vétusté des végétaux par le nombre des couches ligneuses superposées.

Les œuvres de la nature, toujours véridiques, éloignent de beaucoup l'époque de la création : l'âge du monde est antérieur aux calculs de la chronologie ; la science détruit les chiffres. Pendant les révolutions du globe, les dates sont effacées, parce que, pour le travail de l'Éternel, la durée n'est rien. Si le millésime de la création n'est pas frappé sur un fragment de matière, comme nos médailles, le globe tout entier en porte l'empreinte auguste.

Chacun des grands cataclysmes qui ont bouleversé le monde forme le jour de l'Écriture et laisse une trace indélébile sur l'enveloppe terrestre, tour à tour scrutée par le géologue, et repeuplée pour ainsi dire en paléontologie, quand les fossiles, générations antiques, incrustés au sol, ont leurs os exhumés par la résurrection scientifique.

Ainsi se fonde la **théorie de la terre**, échappée à Buffon, fixée par les magnifiques recherches de Cuvier, et dont nous allons donner une esquisse générale dans un cadre nouveau sur les plus anciens temps du monde.

Au premier jour, création de la matière. Les terrains primitifs, encore appelés terrains de cristallisation, se composent de granit, de gneiss, de schiste argileux, de micaschiste, de protogyne vert ou Alpin : on ne découvre aucun vestige d'être organisé.

Au deuxième jour, création de la matière organisée. Tout s'anime faiblement au milieu des terrains de transition ou intermédiaires. La vie commence avec les cryptogames, comme les *prêles*, les *fougères*, pour le règne végétal; elle offre des fossiles de zoophites, de mollusques ou crustacés, tels que les *trilobites*, les *productus*, les *évomphales*, les *spirifères*, espèces entièrement éteintes, au début du règne animal.

Au troisième jour, on classe en géologie les terrains secondaires ou de sédiment situés au-dessus des terrains de transition, et composés de grès rouge et des grands dépôts de craie. La vie devient plus accentuée : en même temps que les zoophites et les mollusques comme les *calymènes*, les *grandes orthocératites*, la terre offre les débris de poissons et de reptiles, sans aller au delà des animaux à sang froid. A cette époque il faut rapporter le *plesiosaurus*, l'*ichtyosaurus*, des crocodiles, comme les monitors de Thuringe, des sauriens, des tortues. Les os des poissons acanthoptérigiens ou osseux se trouvent en grande quantité, jusqu'aux petits osselets de l'oreille, mais on ne voit guère que des vertèbres et des dents pour les poissons malacopthérigiens ou cartilagineux comme les squales.

Au quatrième jour, les géologues reconnaissent les terrains tertiaires formés de grès, de sables, de gypse, notamment du calcaire coquillier, maritime et fluviatile. Des *lamentins*, des *phoques*, mammifères, commencent à paraître. Les buttes Montmartre, composées de terrains tertiaires, furent le théâtre principal des explorations de Cuvier. Élève de ce grand maître, Laurillard m'a plusieurs fois conduit vers ce coin de terre, foulé par le génie, pour me démontrer sur nature les rapports nécessaires à la paléontologie entre les fossiles et leur gisement. Dans le calcaire grossier on trouve les débris des mammifères terrestres; d'après Cuvier, c'est au-dessous de la craie que l'on observe le *palœotherium*, l'*anoplotherium*, les vastes *troncs* de *palmiers pétrifiés* et changés en silex. Oiseaux et mammifères, animaux à sang chaud, constituent les générations enfouies les plus curieuses.

Le cinquième jour, en géologie, a pour base les terrains diluviens et post-diluviens, ou le *diluvium*. On rapporte aux terrains d'alluvion ou de transport, formés de sédiment et de matières arénacées, la constitution des *brèches osseuses* et des *cavernes*, vastes ossuaires d'animaux fossiles, analogues aux espèces qui vivent de nos jours ; les débris sont liés ensemble par un sédiment rougeâtre, espèce de rouille à cassure terreuse et solide, dans laquelle les os ne sont pas pétrifiés, mais se trouvent brisés avant leur incrustation.

Les brèches osseuses ont été le refuge des espèces herbivores à Antibes, à Nice, à Cette et à Gibraltar, etc. ; elles sont remplies d'os de *lièvres*, de *ruminants*, de *cerfs*, de *chevaux*, de *lapins*, etc.

Les cavernes servirent de repaires aux espèces carnivores ; on y découvre le *loup*, le *chien*, le *tigre*, l'*hyène*, le *lion*, le *grand ours* des *cavernes*.

Dans les terrains meubles nous trouvons le *mégathérium*, animal de taille gigantesque et du genre des paresseux ; le *mastodonte* ou l'éléphant aux formes colossales ; l'*élan* aux grandes cornes (*cervus megaceros*), dont les bois ont neuf pieds d'envergure, le *glyptodon*, mammifère au test écailleux : parmi les reptiles le *mégalonix*, lézard aux ailes de chauve-souris ; des tortues, des sauriens, des batraciens, comme les *grenouilles*, les *salamandres*, les *protées ;* des oiseaux fossiles nombreux, des insectes plus nombreux encore.

A cette époque on rapporte les ossements humains, et des instruments en pierre et en os taillés : *videbimus infrà.* Cuvier nie le fait, il n'a jamais vu l'homme fossile. M. Chevreul propose de vaincre la difficulté par la chimie ; quand il emploie l'acide chlorhydrique étendu au sixième, il distingue aisément, d'après ses analyses, les os fossiles des os de squelette ordinaire ; chez les espèces antédiluviennes le fibro-cartilage a complétement disparu. Au Muséum j'ai constaté que les parties osseuses des momies laissaient encore flotter un léger énéorème, dernière trace du tissu fibro - cartilagi - neux, quand on les plonge dans l'eau acidulée par l'hydracide du chlore. Au premier choc de l'air, les os de momie dépourvus de ce canevas organique tombent en poussière.

Quel est le sixième jour ? La terre est muette, mais les cieux ont parlé ; c'est le jour de la lumière, du *fiat lux* de l'Écriture. Il convient pour éclairer toute la création de reporter le flambeau du monde à sa place, à son jour.

Cependant la superposition des couches corticales du globe n'est pas restée générale et uniforme. Il s'est opéré des soulèvements de montagnes ; il est survenu des volcans, monts et gouffres de feu qui vomissent des silicates sous forme de scories, de laves, de pierres ponces. L'écorce terrestre rompue a produit les échancrures, plus ou moins grandes, appelées cavernes, ou bien les vastes déchirures constituant le bassin des mers. A la suite de ces accidents multiples, la terre s'est déformée à sa périphérie, de sorte que les terrains primitivement disposés par couches régulières ont pris des inclinaisons diverses ; ils sont parfois situés en lignes verticales et parallèles. L'étude des révolutions du globe et de la paléontologie fait retrouver les étapes divines, c'est-à-dire les créations successives. Avant l'histoire des fossiles, l'ignorance était absolue touchant la théorie de la terre ; on ne possédait aucun signe pour marquer l'ordre gradué des époques de la nature ; on pouvait admettre une création unique et d'un seul jet.

Chacun alors de se livrer aux idées spéculatives sur les origines. La recherche de la vérité nous empêche de suivre les philosophes et les savants au milieu de leurs hypothèses brillantes. Leibnitz et Descartes veulent que notre planète soit un soleil éteint et refroidi à sa surface, avec l'existence d'un feu central. L'illustre Arago partageait cette idée, rappelant un point de vue pratique, que le degré de chaleur augmente à proportion des degrés de profondeur dans les entrailles de la terre. D'après Burnett, le globe terrestre, au principe, fut une vaste plaine liquide tenant en suspension les matières hétérogènes : celles-ci en se précipitant, ont formé les couches solides et stratifiées. Qui donc n'a pas lu et admiré les *Époques de la nature* par Buffon ? L'idée, le style, l'éloquence, ne remplacent pas sur le terrain scientifique le fait, l'acte, l'œuvre naturelle. Tout esprit discipliné et sévère demande la preuve. L'origine des mondes est un mystère resté dans les secrets de l'Éternel. Le génie de l'homme sera toujours impuissant à comprendre comment Dieu fit sortir la matière du néant, du chaos, de rien.

Une seule matière, variable dans ses éléments, plus variable encore par la forme, compose l'univers.

Du limon de la terre fut tirée la matière organisée, vivante, fraction de cette souche unique et fondamentale ; de là, le règne inorganique, initial ou primitif, et le règne organique secondaire.

La spectrologie, les météores et l'analyse chimique servent avec la géologie et la paléontologie à fournir des preuves évidentes, positives, irréfragables sur l'unité matérielle et sur la sélection en deux substances, l'une inerte, l'autre organisée.

Les assises du globe sont le témoignage le plus certain que notre planète, à l'époque de sa formation, fut composée de matière brute sans vestige d'aucun organisme ; la vie n'a donc pas toujours existé sur la terre. Cuvier fit la lumière sur ces abimes ; il a fondé l'ordre cosmogénique d'après l'ordre même génésique des espèces fossiles, dont les débris antiques, dispersés, perdus, enfouis dans les écorces terrestres refroidies et superposées, avaient été considérés par Descartes comme de simples jeux du hasard, ou bien attribués à de vains produits résultant des forces créatrices de la nature. Tout milite en faveur des créations successives, soit les cadavres d'éléphants et de rhinocéros en chair et en poils trouvés dans les glaces du Nord, où ils n'auraient pu se rendre, soit les coquilles avec leurs cannelures, au lieu d'être frustes, comme celles de nos rivages. Ainsi se trouve scientifiquement démontrée la théorie de la terre d'après ses premiers habitants.

Les lumières du spectroscope contribuent également à établir la composition intime des éléments inertes et nombreux pour les sphères lancées, au principe de toutes choses, dans l'immensité. Les astres, les étoiles, le soleil même, encore en activité première, sont absolument formés de molécules inorganiques; telle fut la terre; tel est le monde entier demeuré au premier jour. Le satellite de notre globe est refroidi et obscur; il reflète les rayons lumineux; tout est immobile à sa surface; tout, et selon une vieille croyance, même les générations qui dorment du sommeil éternel. Avant de faire régner là-haut le silence de la mort, je voudrais bien savoir si dans ces altitudes la vie a commencé. Avant d'admettre les habitants de la lune, il faut préalablement donner la preuve d'une atmosphère lunaire, ce qui n'a jamais été fait. Pour s'établir, la vie exige une masse fluide atmosphérique, composée d'air respirable (*pabulum vitæ*); rien de semblable n'existe autour des lampadaires célestes. Voilà pourquoi *la pluralité des mondes habités* est une agréable rêverie scientifique, réminiscence du *Micromégas*, le voyageur aux pieds légers des espaces sans fin, sorti tout pimpant du cerveau de Voltaire.

Il nous arrive de la voûte éthérée des aérolithes, messagers matériels, capables de nous instruire touchant la structure élémentaire des astres. Le fer météorique, d'après une récente analyse faite en Angleterre, contient une quantité d'hydrogène trois fois supérieure en volume à celle du fer natif terrestre. La chimie, au moyen de ces nouveaux résultats, nous fait connaître et la nature des pierres tombées du ciel et l'existence d'une substance hydrogénée, stellaire, impropre à la vie. Le spectroscope concourt à lever tous les doutes; en effet, le P. Sacchi a constaté que l'hydrogène forme l'élément principal de beaucoup d'étoiles, notamment de l'alpha de la Lyre. Fondé sur des observations analogues, M. Huggins affirme que les nébuleuses irrésolubles, admises au rang des étoiles, sont composées de gaz lumineux. Telle est assurément la nature des comètes, astres errants qui traversent les autres astres sans déchirures, sans aucune solution de continuité. Est-ce que la pénétrabilité de la matière, propriété inconnue sur la terre, existe dans les espaces célestes ?

Tout corps matériel est réductible en éléments inorganiques, suivant une progression fort remarquable et réglée. La matière brute, soumise à l'analyse, revient à l'unité moléculaire ; c'est la condition des corps simples en chimie. Le végétal possède au moins dans sa composition trois principes : le carbone, l'oxygène et l'hydrogène. Un animal quelconque en a toujours quatre : l'azote, le carbone, l'oxygène et l'hydrogène. Ainsi se trouvent originairement constitués les trois règnes de la nature ; ainsi tout retourne, en se décomposant, au radical, unité élémentaire.

Privé des ressources scientifiques sur le premier principe des êtres et des choses naturelles, l'origine différente des deux substances nous échappe, on invente des hypothèses, on raisonne à perte de vue. Dans le fameux système de la panspermie syngénésique, un savant soutient avec éloquence, mais sans aucun acte constant et avéré, que la matière organique est primordiale et indestructible. L'incinération transforme devant nous la matière vivante en matière inerte ; preuve que celle-là procède de celle-ci ; preuve que s'il y a maintenant sous nos yeux simultanéité d'existence des deux substances, il n'y a pas eu instantanéité de création. Quant au système de l'emboîtement ou préformation syngénésique, idée hypothétique des Haller, des Spallanzani, il ne résiste pas davantage aux faits bien établis, ni aux calculs profonds et habiles de notre grand naturaliste ; Buffon a prouvé que le spermatozoaire à la sixième génération serait pour le volume dans le rapport d'un atome avec le soleil.

L'erreur disparait devant la vérité comme l'ombre fuit à l'approche de la lumière. Que de systèmes, fruits de l'imagination, tombent en ruine en présence des actes de la nature !

Pour dégager dans le cours de ce travail les générations cellulipares ou spontanées des fausses idées qui cèlent leur origine, nous allons poursuivre l'étude de la matière, en nous réglant sur le principe de logique : *nihil est in intellectu quod prius non fuerit in sensu.*

CHAPITRE II

DE LA MOLÉCULE

Divisions *ultimes* de la matière inorganique, les molécules ou particules n'échappent pas à nos sens ; on constate qu'elles sont solides, liquides, gazeuses ou aériformes, sphéroïdales ou globulaires.

Elles sont simples ou composées ; les corps élémentaires ont tous une même espèce de molécule, appelée principe, élément et radical ; les corps composés possèdent au moins deux éléments de nature différente.

Pour saisir et voir les particules des gaz et des fluides il faut les concréter, c'est-à-dire les solidifier ; or, il y en a fort peu de concrets dans l'état actuel de la science. Les corps solides livrent plus aisément à notre examen leurs particules élémentaires et constituantes ; quand on veut rendre tangibles ou appréciables les molécules, on emploie tantôt les agents mécaniques, comme la section, la pulvérisation, la trituration et la porphyrisation ; tantôt les procédés chimiques, tels que la dissolution, la sublimation, la combinaison des gaz à l'état naissant ; ainsi l'ammoniaque et l'acide chlorhydrique, gaz incolores, produisent le chlorhydrate d'ammoniaque, sel blanc et dur; pour les chimistes, en réalité, l'invisible devient visible, et, en apparence, aux yeux du monde, le néant se fait matière.

Est-ce à dire que dans nos investigations nous soyons parvenus au dernier terme de la division des corps inorganiques ? Chaque jour le progrès des sciences étend ses limites et fait découvrir des horizons inconnus. On aurait donc tort d'accorder à nos méthodes l'infaillibilité, et aux résultats une assurance pleine, entière et définitive. Que d'objets échappent à la simple vue ! Le microscope et le télescope, instruments d'optique inventés par l'étonnant génie que l'on nomme Galilée, sont devenus la cause de la découverte de nouveaux mondes, soit par Needham des infiniment petits ou des infusoires, soit des infiniment grands cachés dans la profondeur des cieux. La chimie moderne, plus éclairée, a fait constater la présence de l'iode et de l'ozone au milieu des éléments constitutifs de l'air atmosphérique. Conservons l'espérance légitime de voir encore et souvent les résultats actuels modifiés, étendus et surpassés. Mais le principe sur lequel la méthode est fondée pour obtenir de la nature ses actes réels et cachés, est actuellement le seul admissible, parce qu'il ne va pas au delà des molécules visibles, tangibles, appréciables à l'un ou l'autre de nos sens.

Les corps solides réduits en poudre impalpable échappent au tact à raison même de leur grande ténuité ; ils s'effacent sans toutefois disparaître ; on les retrouve avec l'organe visuel armé d'un instrument d'optique, et plus la loupe ou le microscope sont puissants, plus les molécules semblent volumineuses. Où les sens soutenus par l'art se terminent, là notre science s'arrête ; nous ne pouvons aller plus avant sans tomber dans l'hypothèse. Les atomes errants et crochus ou les vésicules remplies de gaz constituant les molécules d'éther qui, selon Épicure et Lucrèce, forment en se réunissant les différents corps, les tourbillons de Descartes, le système des formes et privations d'Aristote, la monade de Leibnitz, de même que le hasard, la fatalité, la nécessité, la vertu plastique, la raison suffisante et les forces occultes de Galien, sont autant d'hypothèses philosophiques étrangères à nos recherches positives. Bacon défend d'affirmer sans preuve, et avec raison il dit : « Il ne faut pas en venir jusqu'à l'atome qui présuppose le vide et une matière non fluide, deux choses fausses, mais jusqu'aux particules vraies, telles qu'on peut les découvrir. »

Amorphes ou cristallisées, les particules ont des propriétés spéciales inhérentes à leur nature. On a reconnu à la matière l'étendue, l'impénétrabilité, la pesanteur, la mobilité, l'élasticité, la divisibilité et la porosité.

Les forces physico-chimiques véritables mobiles ou régulateurs de la matière sont générales, absolues, mathématiques. On a dicté en chimie la loi des équivalents, la loi des proportions multiples ; pour les physiciens la force de cohésion maintient en rapport les molécules élémentaires et l'affinité attire et combine les particules constituantes ; les deux forces relèvent de l'attraction universelle, entrevue par le génie de Pascal, d'après les manuscrits déposés à l'Institut par M. Chasles et sanctionnée par les lois de Newton.

Les forces centripète et centrifuge prouvent qu'il n'y a pas inertie absolue de la matière ; tout se meut dans le monde, aussi bien les globes célestes dans leur orbite que les corps vivants sur la terre. Lucrèce considère le mouvement comme la propriété essentielle de la matière. Le mouvement seul ne caractérise pas la vie ; ce travail en contient des preuves incontestables.

L'électricité, le magnétisme, la lumière et le calorique, corps impondérables, sont les forces générales destinées avec l'attraction à régir l'univers.

CHAPITRE III

MATIÈRE ORGANIQUE

Création secondaire, la substance organisée nous apparaît sous trois états ; elle est : 1º amorphe ; 2º corpusculaire ou nutritive ; 3º cellulaire ou germinative. Les organismes reçoivent encore dans leur composition intime de l'eau, de l'air, différents gaz, des sels calcaires et métalliques, toutes particules ou fractions de la substance inerte.

Buffon, vaste génie qui plane sur la nature entière, a retiré du chaos scientifique les deux matières de nature différente, construisant ainsi le fameux *système des molécules organiques primitives* ; c'est le plus grand pas, *en théorie*, fait dans les sciences naturelles. Mais l'illustre savant a détruit, comme à plaisir, une vue profonde par des explications singulières et inadmissibles. Si chaque partie du corps possédait ses molécules organiques propres, et réglées, alors les infirmes devraient engendrer des êtres à leur ressemblance disgraciés de la nature. Nous allons prouver de plus que la substance organique n'est pas primordiale, et encore moins, ainsi que Tréviranus le prétend, indestructible et amorphe. Quand les princes de la pensée dépassent le but, ils créent des opinions sans preuves, et il convient même aux adeptes les plus modestes de la science de les rappeler à l'exactitude des faits.

Les micrographes les plus célèbres sont enclins à un autre défaut ; ils sont toujours prêts à généraliser sur une seule observation. M. Milne Edwards est parvenu le premier à bien voir l'état globuleux ou la molécule organique, signalée en théorie par Buffon. Dominé par le fait, le célèbre naturaliste en tire de suite une conclusion générale : il estime que toutes les trames organisées ont une structure globuleuse ; il a fait graver des planches pour montrer la direction, le volume et la forme des globules constitutifs des tissus fibreux, cellulaires, musculeux, etc. Après une illusion d'optique bien étrange, Fontana voit des cylindres tortueux constituant tous les organes. Originaire d'Allemagne, la théorie cellulaire repose sur des fondements plus solides ; elle renferme toutes les modifications de la cellule et de la nucléole en histologie ; seulement l'idée dépasse les faits. Tout n'est pas cellule dans l'économie ; chaque organe, chaque tissu, ne dérivent pas en totalité de simples développements cellulaires. Ainsi le cartilage passe à l'état de fibro-cartilage pour devenir osseux, sans traces de génésie celluleuse. L'embryogénie a des ressources plus étendues ; elle relève à la fois des cellules, des corpuscules et des fluides amorphes. Doué d'un esprit méditatif servi par une rare éloquence, H. Royer-Collard a imaginé une hypothèse fort vantée alors, sur la nature de la matière organique. Il reconnaît : 1º l'état amorphe, qu'il dote uniquement de propriétés chimiques ; 2º l'état globulaire ; 3º l'état fibrillaire. La raison physiologique de ces conditions primitives reste inconnue : les termes sont des actes de réminiscence. On change la forme, mais le fond reste.

La matière organique à l'état de repos complet et prolongé, c'est la mort ; mise en activité, c'est la vie.

Tout être vivant, depuis les infusoires jusqu'à l'homme, possède un organisme et des fonctions ; la simplicité ou la complication de structure ne change rien au phénomène de la vie ; le corps organisé qui existe représente partout une certaine quantité de matière façonnée à différents modules en action. Rostan eût approuvé l'orateur, traduisant ainsi une vérité : « organes sains, fonctions saines, organes malades, » fonctions malades, » axiome médical et physiologique de la plus grande justesse. Admirablement établi sur cette base scientifique, l'*organicisme*, doctrine médicale de notre savant maître et ami, devient un des chefs-d'œuvre de la médecine contemporaine.

Cependant, la matière organique doit posséder une puissance capable de la faire entrer en exercice. Quel est le moteur des machines vivantes? Est-il unique ou multiple? La substance organisée possède des propriétés spéciales inhérentes à sa nature ; on les appelle *propriétés vitales*, *forces vitales* ; pas de matière organique, pas de forces vitales : telle est la loi de nature. La *sensibilité* tient le premier rang ; elle relève des fonctions du système nerveux ; l'*irritabilité* et la *contractilité* sont des propriétés communes à tous les êtres vivants. Le *principe vital* signifie l'ensemble des forces, c'est un terme générique : il n'y a pas de moteur unique.

Le principe vital, propriété matérielle, n'est pas surajouté aux organismes ; il diffère entièrement d'essence avec le principe pensant ; celui-ci se manifeste par la pensée, celui-là préside à la vie ; ils ne se trouvent réunis que dans l'espèce humaine. Ame (1), vie et corps, voilà la nature de l'homme ; le corps n'est qu'une fraction de matière modelée et spécifique ; la vie se règle par les forces vitales pendant l'activité des organes. Tous les êtres vivants sont doués, à l'instar de l'homme, de propriétés vitales. Ils ont la même vie que nous, mais ils manquent d'âme ; pour eux il n'y a pas d'univers, pas de lois ; ils assistent au monde sans le comprendre ; vivre et propager l'espèce, tout est là. *Animam viventem, âme vivante*, selon le texte sacré, ne signifie pas *âme intelligente*. Moïse lui-même

(1) *N. B.* — L'existence de l'âme repose sur la *certitude morale*. On peut en lire les preuves dans mes ouvrages, à la page 52 du *Signe certain* de la *mort*, Paris 1851, et à la page 142 des *Études des races humaines*, Paris 1857.

donne le sens attaché au style quand il touche à la nature des animaux : *sanguis eorum pro anima est*, le sang est leur âme. Les idées bibliques sont religieusement conservées par les Juifs ; ce peuple ne reçoit pour aliment charnel des mains de ses sacrificateurs que des viandes exsangues. Façonnée à l'image de Dieu, l'âme est une intelligence ajoutée au corps ; elle peut être malade dans un corps sain, comme on l'observe pour quelques affections mentales ; elle commande, le corps agit, elle est une force unique. Le principe vital, au contraire, est disséminé à l'organisme entier ; voilà pourquoi la vie est multiplicable chez beaucoup d'espèces végétales et animales ; les parties séparées du corps constituent des êtres nouveaux. Nous avons réglé ailleurs les conditions d'existence de ces tronçons organiques séparés du corps et constituant les êtres artificiellement produits.

Les corps organisés, en tant que matière, sont de plus soumis aux lois physico-chimiques, générales ou absolues. On y constate les phénomènes de l'hydraulique, de la mécanique, de la statique. Les êtres doués de la vie ont encore la puissance d'absorber les forces de la matière brute, et tantôt ils les conservent, tantôt ils les dégagent avec éclat. Parmi les animaux, les uns comme le gymnote, la torpille et plusieurs raies sécrètent et gardent le fluide du tonnerre, et, à volonté, foudroient leurs victimes par de véritables décharges électriques ; les autres, tels que les lampyres ou vers luisants, étoiles terrestres, étincellent pendant la nuit ; tous enfin, à des degrés divers, reçoivent et produisent la chaleur. La coloration rouge et quelques phosphorescences de la mer, pendant le sillage des navires à travers les plaines humides, ont été attribuées à la teinte naturelle de petits êtres microscopiques.

Quoique réunies dans les corps organisés, les forces vitales et physiques se distinguent aisément dans leur action ; en voici des preuves. La cellule ovulaire simple, réfractaire à la destruction, vit au dedans par elle-même à l'état latent. L'œuf non fécondé se trouve dépourvu de forces vitales, de sorte que, soumis à l'incubation, il reste improductif, il tombe en pourriture. Le cadavre ne ressuscite pas malgré l'emploi des forces physico-chimiques les plus énergiques ; il reste là, devant nous, froid, glacé, insensible et immobile. Pourquoi ? Il est évident qu'il n'a plus de forces vitales ; la matière a perdu ses propriétés ; dans la mort apparente, tous les organes restent inactifs, l'âme seule veille et préside : elle entend, elle ordonne l'action, et c'est là sans doute ce mystérieux retour à la vie. Quand le mécanisme organique est usé, le rouage des appareils s'arrête à jamais.

Confondre la molécule inerte avec la cellule vivante, c'est tout mêler, le mort et le vif ; c'est la preuve que la lumière n'est pas faite dans certains esprits. Le grain de sable ballotté par les vagues de l'Océan remue, se déplace, oscille en vertu d'une force extérieure d'impulsion ; ici, le mouvement est communiqué ; certes, il ne tient pas à ce grain de sable. Un animal est le maître de ses actes locomoteurs ; il jouit de la spontanéité d'action ; il a reçu l'instinct, réglé à l'avance, de pourvoir à sa conservation. Le végétal même, quoique fixé au sol, possède une activité organique intérieure qui lui est propre ; il a une sphère vitale ; ainsi la *sensitive*, l'*hedysorum girans*, la *colocasie comestible*, sont irritables et contractiles ; la dionée attrape-mouche, *dionea muscipula* possède dans les lobes de ses feuilles une vive irritabilité et une grande contractibilité. L'insecte imprudent qui s'y frotte pour dérober la liqueur qu'elle sécrète se trouve pris au piége, et plus il s'agite, plus sa prison se ferme : le repos lui rend la liberté. L'inclinaison de la tige et des feuilles vers les rayons lumineux, la pousse des racines et la floraison avec le jeu des étamines, déterminent des mouvements appréciables. L'*horloge de Flore* est la preuve que certaines plantes règlent le mouvement de leurs corolles sur le cours de l'astre brillant du jour. Donc la matière organisée a ses propriétés et ses lois.

CHAPITRE IV

———

DE LA CELLULE GERMINATIVE

La création de la molécule est antérieure à l'origine de la cellule ; le fait est désormais acquis à la science.

Forme primordiale des êtres organisés , la cellule germinative constitue le moule naturel ; tout être vivant dérive de ce canevas organique.

L'homme reste aussi impuissant à tisser une cellule qu'il est incapable de faire sortir de rien une molécule , et cependant la cellule ovulaire fut tirée du limon de la terre.

Le premier principe, le développement, la conservation et la structure du moule des générations cellulipares, présentent un grand intérêt en ovologie. A cet égard nous allons tracer un cercle génésique entièrement nouveau et digne d'une main plus habile.

Les organismes sont le laboratoire naturel de la formation des cellules : c'est là que les substances inorganiques pénètrent la substance organisée , c'est-à-dire que les molécules inertes se transforment en cellules et corpuscules actifs, sous l'influence de la vie.

On est parvenu à l'aide de la synthèse chimique à reconstituer de l'*urée*, produit organique excrémentitiel ; on espère encore fabriquer de la *gélatine* et de l'*albumine*, éléments nutritifs. Mais la science, éclairée par les actes de la nature, nous fait reconnaître de suite l'impossibilité absolue de former la *cellule génératrice*, principe initial des êtres organisés. Le petit cannevas représente le merveilleux tissu sorti du métier de l'Éternel.

On découvre les cellules toutes formées dans les débris organiques. La mort, loin d'être un anéantissement complet des éléments constitutifs des êtres, marque un temps d'arrêt ou de repos pendant lequel les corpuscules et les cellules sont fortement vivaces et réfractaires à l'action du temps, mesure sans fin. Tant que l'être organisé n'est pas réduit en cendres, poussières inertes, les cellules se reposent dans une espèce de vie latente, obscure et insensible. État cadavérique signifie perte des forces vitales nécessaires aux fonctions et prochaine dissolution des organes ; rien n'est perdu ; Rousseau dit : « Tout ne finit pas pour moi avec la vie ; tout rentre dans l'ordre à la mort. » La forme seule de l'être naguère vivant est effacée, rayée du cadre spécifique.

Les générations sans cesse détruites, sans cesse renouvelées, donnent le secret du fonds inépuisable de la perpétuité des espèces. De Graaff a peint avec esprit cette fertilité excessive et sur la terre et dans les sombres régions, il dit : *Tria sunt insaturabilia, os pubis, terra et infernus.* Nous sommes à même d'observer chaque jour la circulation des éléments de la matière organique ou le *circulus æterni motus.* Une source organique aussi étendue a permis d'abandonner au hasard le sort des petits êtres ; elle ne pourrait se tarir que par un vaste météore foudroyant tout ce qui a vie sur la terre et réduisant tout en cendres.

La celluliparité nous donne l'image de la vie errante, indestructible.

La conservation des germes est réglée selon leur importance. Pour les cellules ovulaires simples, la quantité infinie paraît l'obstacle opposé à leur destruction. Les graines et les œufs ont été confiés à des appareils à la fois génératifs, réceptacles et protecteurs.

Avant mes recherches d'histologie, la texture de l'ovaire a toujours paru inextricable ; on ignorait la segmentation fibreuse du parenchyme ou stroma à l'usage de l'isolement des cellules composées, de même que l'évolution graduelle des œufs jusqu'à leur maturité. Nous avons renversé, au moyen de la structure, le faux système de l'emboîtement des germes. On hérite d'une organisation transmissible ; et, aussi bien que les poumons servent à respirer, l'estomac à digérer, et le cœur à favoriser la circulation, aussi bien les ovaires produisent les œufs, cellules composées.

Toutefois, il y a une différence fondamentale quant au mode de développement des moules organiques ; la *cellule ovulaire simple* croît et grandit spontanément sans fécondation : la *graine*, fécondée ou non, reproduit encore le végétal ; l'*œuf* ou l'*ovule*, abandonné à lui-même, sans fécondation, n'engendre pas un animal et ne tarde pas à s'altérer et à pourrir. Telles sont les distances physiologiques établies naturellement entre les cellules ovulaires ou germinatives, les graines et les œufs.

Les vésicules ovulaires simples laissent encore à désirer relativement à leur structure intime. Il est impossible de dire avec certitude : voilà une cellule de protogénie animale ; voici la simple cellule du végétal. Devons-nous attribuer la nature différente des deux cellules à la forme, ou bien à l'organisation plus complexe avec la nucléole ? Et encore, la même vésicule germinative est-elle identique pour les deux règnes ? Où l'anatomie reste obscure, la physiologie nous éclaire. Toute plante vit et meurt à l'endroit où elle est fixée ; les animaux étant pourvus de locomotion et d'un sac alimentaire, sont libres d'aller à leur gré vivre et mourir au loin, en tous lieux étrangers à leur naissance. La celluliparité est soumise aux mêmes lois : immobile, la cellule se concrète et se développe en microphyte ; mobile, elle devient un microzoaire. Combien il est intéressant de voir les êtres des deux règnes, végétal et animal, si divergents par le sommet, se toucher pour ainsi dire à leur base. Tout dépend donc de l'état physique actuel, soit de la concrétion, soit du mouvement des cellules ovulaires pour obtenir la génération spontanée des infusoires.

La faculté locomotile des cellules germinatives se retrouve également dans les œufs. Robert E. Grant a publié des *Observations sur les mouvements spontanés des œufs de certains zoophytes*, tels que des *Campanularia*, des *Gorgonia verrucosa*, etc. (*Annales des Sc. natur.*, t. XIII, 1828.) M. Bertout rapporte que vers le mois d'avril, les éponges émettent une foule de petits corps, bientôt pourvus de nageoires pour leur donner une agilité extrême; dès que l'un de ces corpuscules ovoïdes est fixé, il y reste à jamais; c'est une éponge future. On a remarqué des mouvements giratoires dans les œufs des arachnides, et l'ovule même des mammifères n'est peut-être pas entièrement passif dans son passage à travers la trompe de Fallope. La locomotilité aide à la dissémination des cellules, tantôt mélangées aux impuretés de l'air, tantôt immergées dans les eaux, et toujours prêtes à éclore, à produire des êtres vivants. M. Schultz reconnaît aux poussières atmosphériques le pouvoir de former des animalcules.

On sépare les cellules ovulaires simples à l'aide de l'infusion ou des macérations d'une matière putrescible. Il serait curieux de savoir quels sont les organes qui en fournissent le plus grand nombre. Isolées, elles sont ovales, allongées ou cylindriques, rondes, hyalines avec ou sans nucléole apparente, variables de volume; elles acquièrent une extrême mobilité dès que leur captivité se termine : les unes s'élèvent à la surface du liquide pour se solidifier; les autres toujours agitées restent dans la liqueur; tels sont les limbes de la protogénie, les sources de la celluliparité; c'est la *production spontanée* des *germes* vulgairement nommée les *générations spontanées*.

Il était important de rechercher si les globules du sang, du lait, et de la séve, fluide vital des plantes, étaient des cellules ovulaires en circulation. La structure comparée de la cellule et du globule présente de grandes difficultés. Une circonstance heureuse a favorisé mes études ; M. Schultz, célèbre micrographe, après avoir découvert la circulation de la séve, voulut bien répéter ses expériences au Muséum. Nous avons été témoin du mouvement régulier du fluide végétal, phénomène très-sensible dans les différents circuits du chara (1). Les globules n'ont pas le caractère précis de la cellule ovulaire ; ils sont pleins, opaques et arrondis ; les cellules se distinguent par leur transparence, leur forme elliptique ou ovale et la nucléole. En plongeant les globules sanguins dans une solution iodée, j'ai vu se dessiner assez bien les caractères de la cellule germinative à l'état naissant.

Toutefois, la reproduction générale repose sur la cellule simple et composée : l'une produit les cellulipares ; l'autre engendre les ovipares et les vivipares. Dans les magnaneries ou dit volontiers *œufs* ou *graines*, et en agriculture *semences* ou *grains*.

Quand un agronome fume la terre, que fait-il ? Il verse des masses de cellules et de corpuscules au sein de la matière inerte ; on connaît l'adage rustique : *les grandes fumures font les bonnes cultures* ; c'est le secret révélé des riches moissons. Dans les terrains maigres, privés d'engrais, la végétation est toujours chétive et rabougrie. Une terre quelconque, absolument dépourvue de matières organiques, reste inerte, improductive, ainsi qu'il résulte de nos recherches. Tout s'enchaîne dans la nature ; les cellules servent aux végétaux ; ceux-ci nourrissent les herbivores qui, à leur tour, sont dévorés par

---

(1) *N. B.*— Perrault, auteur ingénieux du plan de la colonnade du Louvre, cherchait en physiologie dans le mouvement de la séve à découvrir une circulation. Il a décrit dans les plantes, des vaisseaux déférents et afférents : il a fait des expériences par ligatures pour suspendre le cours des sucs séveux ; par incision, espèce de saignée végétale, etc. (Voy. *OEuvres architecturales*). Voilà le grand homme dont le plagiaire de l'*Art poétique* d'Horace a dit :

De mauvais médecin devient bon architecte.
Soyez plutôt maçon si c'est votre talent.

les carnivores. L'homme est le plus grand destructeur des animaux et des plantes.

En résumé, la cellule est le principe matériel de la vie ; elle renferme en miniature la première forme du végétal ou de l'animal. Spallanzani, dans un élan de génie, avait pénétré la figure primitive des fœtus ; elle devait tenir de la sphère, afin de contenir la plus grande quantité de matière sous le plus petit volume.

CHAPITRE V

CORPUSCULES ET FLUIDES ORGANIQUES

Pour avoir une idée juste de la différence de structure et de fonction qui sépare la cellule du corpuscule, les jeunes micrographes doivent examiner l'œuf d'un ovipare, où toutes les parties constituantes sont mieux appréciables; la *vésicule* du *germe* ou de Purkinge est une véritable cellule germinative, primaire, toujours le rudiment du nouvel être; les *vésicules vitelline* et *albumineuse* ne renferment au contraire que les corpuscules nutritifs du germe.

L'ovule des mammifères signalé pour la première fois par Baer comprend le vitellus et la vésicule du germe reconnue par M. Coste. Si l'on ajoute au globe vitellin et au germe l'albumine de la vésicule de Graaf, ainsi que je le propose, on reconstitue d'après nature l'œuf complet des vivipares. Il arrive selon les lois de l'ovologie que la provision alimentaire du jaune et du blanc se trouve modifiée en volume, en position, et même que l'albumine reste sans utilité à l'époque de la greffe de l'ovule à l'utérus.

Le jaune, toujours constant, sert à la nourriture primitive des embryons: j'ai entendu Soubeiran dire : « Le jaune n'est que du lait concret. » Les œufs des oiseaux et des chéloniens soumis à la cuisson, ou macérés dans l'alcool après l'enlèvement préalable de la coque, acquièrent de la consistance, de la solidité, sont plus malléables. Quand on les soumet au microscope on aperçoit aisément les corpuscules opaques, granuleux très-abondants du vitellus, notamment sur les œufs d'autruche. Les graines sont formées sur un plan analogue de structure ; la cellule germinative ou le germe est constamment pourvue et accompagnée d'une provision énorme de substance amylacée, nutritive, sur laquelle M. Raspail a fait au microscope de belles et savantes études. Assurément ce serait une importante recherche pour l'hygiène que de déterminer avec soin quels sont les organes et les tissus qui renferment la substance corpusculaire la plus considérable. Malgré ses importantes fonctions dans l'économie animale, le système nerveux, très-riche pour l'alimentation, manque absolument dans la génération des cellulipares. Burdach, cherchant à développer des infusoires au moyen de fibres nerveuses, a complétement échoué dans ses expériences. La vie, **comme** ce travail le démontre, provient de la cellule germinative ; elle ne dérive nullement d'une fibrille des nerfs.

Les corpuscules sont généralement connus sous les noms de *globules,* de *molécules organiques* ; on les confond avec les cellules. Ils sont très-abondamment répandus dans la nature. Variable de volume, et de couleur variée successivement brune, jaune, verte, rouge, blanche, bleue, constituant les pigments, le corpuscule a la forme d'un sphéroïde plein et opaque. Il s'assimile de suite aux corps vivants, sans avoir besoin, comme les simples molécules inertes, de se modifier en s'organisant à travers le canevas préformé et caractéristique. On ne voit jamais les corpuscules s'unir en groupes, formant des cellules et constituant des êtres nouveaux.

Avec les progrès de l'âge, une grande partie des cellules se transforme en globules ; c'est là une des causes probables de la mort naturelle. En physiologie on sait vaguement que les tissus des vieillards sont plus secs, plus denses et plus fragiles que dans la jeunesse; le fait tient assurément à la différence de proportion entre les cellules et les molécules; celles-ci sont forcées d'acquérir une grande consistance pour favoriser la mécanique animale et maintenir la solidité du végétal; celles-là, brûlées, usées et réduites à l'état corpusculaire, ne servent plus au travail fonctionnel, encombrent les organes, et brisent peu à peu le grand ressort de la vie. Tout organisme privé d'aliment en quantité suffisante au foyer respiratoire s'épuise et succombe.

Le sang et la séve sont les principaux fluides, les fleuves de la vie; ils entrainent dans un véritable torrent circulatoire les cellules et les corpuscules, ainsi que les molécules inorganiques destinées aux appareils fonctionnels; ils sèment les éléments nécessaires à l'assimilation; ils charrient les substances qui de toutes parts doivent être éliminées par les émonctoires naturels; tous les tissus sont imbibés d'une humidité spéciale; le mucus, la salive, la synovie, la sérosité, la bile, le suc pancréatique sont versés au dedans; le lait, les larmes, les urines et autres sécrétions s'écoulent par des conduits vecteurs directement au dehors.

La séve et le sang renferment en grande proportion, sans le constituer entièrement, le fluide organique amorphe, dont nous allons tracer les caractères. L'eau des macérations dissout une substance onctueuse semblable à un mucilage. La liqueur filtrée devient moins épaisse, moins louche, un peu transparente; elle est homogène, incolore, d'une odeur fétide, d'une saveur désagréable, nauséabonde, comme l'eau pourrie des marécages; le microscope n'y laisse rien apercevoir après les filtrations multipliées. Le charbon, le permanganate de potasse, la chaux, réduits en poudre et combinés l'un ou l'autre avec la liqueur de macération filtrée pour être soumis à la distillation, donnent en résultat à l'eau plus ou moins de pureté, suivant qu'elle a été débarrassée avec soin de la substance organique.

Quand on soumet la liqueur filtrée à l'évaporation lente ou solaire, active ou ignée, on obtient un résidu sale, comme une crasse. L'extrait mou devient sec et adhérent au fond du vase, d'où il s'enlève par petites plaques fort ténues et homogènes, sans qu'il soit possible d'assigner les caractères corpusculaires à cette matière totalement amorphe. Ainsi les macérations sont formées d'une grande quantité d'eau ordinaire tenant en suspension une substance indéterminée.

La matière, en général, est polymorphe ; nous avons distingué le type cellulaire de la reproduction du type corpusculaire nutritif. Incinérée, la matière organique perd sa forme, se décompose, se réduit en cendres, et tombe sous l'empire des forces physico-chimiques.

CHAPITRE VI

ÉTUDE COMPARÉE DE LA CELLULE
ET DE LA MOLÉCULE

Éléments naturels, tangibles ou visibles, la molécule et la cellule ne sont pas des êtres factices, éphémères, hypothétiques, à l'instar des atomes; l'une représente l'origine vraie, exacte, positive et fondamentale des corps inorganiques; l'autre est le premier principe évident et incontestable des corps organisés.

Le développement les sépare plus encore de nature que leur source matérielle. La molécule augmente de grosseur par simple *juxtaposition* de substance, en vertu de l'affinité ; ainsi se trouvent formés les silex, les roches, les minéraux, dont l'accroissement et la durée sont illimités; la cellule se développe d'elle-même par *intussusception*, assimilant à son canevas, tissu primaire dont la forme et la durée ont des limites, les matières étrangères ou analogues, devenues les éléments organiques, sous l'action des forces vitales. Tout être organisé naît, vit et meurt; tout corps inerte résulte en se constituant de l'attraction; celui-ci conserve dans chaque fraction les caractères chimiques de la masse totale ;

celui-là varie dans chacune de ses parties constituantes. C'est pourquoi la chimie décompose par l'analyse les corps inertes en leurs éléments, et à l'aide de la synthèse les rétablit dans leur état primitif. Tandis que l'être organisé réduit en cendres nous échappe ; il n'est plus rien pour nous ; il devient impossible de le reconstruire, à plus forte raison de le ressusciter.

La molécule est indestructible ; les cellules, en grand nombre ont leur tissu détruit, leur forme perdue. Le feu les change en substance charbonneuse, les met en cendres avec développement de gaz ; le temps les transforme parfois en poussière ; rien d'organisé ne résiste absolument aux forces physico-chimiques, puissances terribles et incessantes de destruction, en lutte permanente, durant la vie, avec les forces vitales ; la lutte empêche tous les moules organiques d'être brisés et détruits. A la mort, chaque être retourne à ses éléments, pour renaître sous d'autres formes ; après leur destruction radicale, ils ne sont plus que des solides, des liquides et des gaz inorganiques.

Il n'y a pas réciprocité de transition naturelle ; jamais une molécule ne devient d'elle-même une cellule ; jamais un agrégat moléculaire ne fabrique la plus petite trame cellulaire : un kyste, en pathogénie, n'est pas la cellule ovulaire. Voilà pourquoi la transmutation spontanée de la matière est une utopie profonde, l'œuvre idéale du matérialisme ; il faut la vie pour forger les éléments de la vie.

Admettre que la molécule brute devienne spontanément une cellule vivante, c'est reconnaître pour vraie une erreur de fait ; c'est travailler la matière sans distinction de substance, et confondre tout, les faits avec les idées, par vice de logique, par défaut de physiologie expérimentale bien réglée. Libre penseur par excellence, J.-J. Rousseau dit : « J'ai fait tous mes efforts pour concevoir une molécule vivante sans pouvoir en venir à bout. » (*Em.*, t. III, p. 30.) L'intelligence la plus forte doit s'incliner devant les œuvres de la création ; ici, le fait prime l'idée ; impossible d'affirmer une vérité d'organogénie sans le témoignage des sens. Notre science repose sur l'étude de la matière brute et organisée; le naturaliste a le pouvoir de découvrir, plus facilement, les merveilles de la nature. S'il quitte l'observation et l'expérience, il pénètre les mondes imaginaires, toujours fabuleux; ou bien, il entre au centre du monde métaphysique et moral, qui se rattache de loin aux sciences physiques. Carus, célèbre anatomiste, compare la terre à un animal, au cœur océanique palpitant, et dont le corps est doué de locomotion en ellipse à travers l'espace. Rousseau, conséquent dans ses principes, dit avec plus d'autorité : « Le monde n'est pas un grand animal qui se meut de lui-même. »

Tout être organisé pour vivre emprunte partout des éléments; il peut s'assimiler aisément les cellules et les corpuscules; il travaille sans relâche à transformer les molécules pour les adapter à ses tissus; c'est ainsi que nous voyons les sels calcaires se combiner aux fibro-cartilages en composant le tissu osseux nécessaire à la solidité du squelette, charpente du corps. Quoique fort durs, les os sont réduits en poudre par le temps ; aucune forme isolée ne résiste à la destruction naturelle.

Nul doute ne devrait traverser l'esprit sur le rôle physiologique des molécules, aux formes régulières, symétriques, constituant en masse des figures cristallines, géométriques; elles sont inertes et incapables de donner la vie ; métamorphosées dans les organismes, elles concourent à la fois au développement et à la nutrition.

Molécules et cellules, voilà donc les divisions *ultimes* de la matière; toutes deux sont appréciables à nos sens; toutes deux servent de point de départ à la science exacte et positive touchant le monde physique.

La logique ordonne d'aller du connu vers l'inconnu; or, l'étude comparée de la molécule et de la cellule élève naturellement l'esprit des œuvres de la création vers le Créateur : c'est un hymne naturel chanté dans le temple des sciences. Les physiologistes partant de l'atome, être idéal et invisible, ou bien de quantités négatives, privatives, raisonnent à blanc sur la nature, ils brûlent l'encens de la raison devant un trône imaginaire. Quoi de plus fertile que la pensée! Combien la nature est plus rebelle à livrer ses moindres actes !

CHAPITRE VII

LES INFUSOIRES. — ÉLÉMENTS D'UNE CLASSIFICATION DE ZOOLOGIE D'APRÈS L'ŒUF RÉEL ET CELLULAIRE

Harvey, le premier législateur en ovologie, a publié une loi importante et générale, *omne vivum ex ovo*, tout être vivant sort d'un œuf; cette règle a des limites; elle ne s'étend pas à l'échelle entière des animaux et des plantes; elle est même spéciale aux générations ovulaires et sexuées, soumises à la fécondation. Nous proposons le nouveau principe génésique, tout être organisé vient d'une cellule, *omne vivum ex cellulâ*, fondé sur nos recherches de l'œuf réel et cellulaire, parce qu'il est universel. Les êtres des deux règnes organiques dérivent en effet d'une cellule simple ou composée; ici, les graines, les spores pour les végétaux; là, les germes et les œufs, véritables graines animales; partout la cellule.

L'œuf réel, cellule complexe, n'a pas la structure de la cellule ovulaire simple; il possède une provision alimentaire de corpuscules vitellins et albumineux, ou bien, de substance amilacée. Tout être qui vient d'un œuf ou d'une graine, croît, vit et meurt; on découvre sa tige maternelle, sa parenté animale et végétale.

La cellule ovulaire simple se développe d'elle-même, sans être fécondée ; elle est la souche des générations spontanées ou cellulipares. Originaires de la cellule germinative, les infusoires ne sont pas des êtres adultes ; nous verrons bientôt qu'ils constituent les germes, les spores, toujours prêts aux développements futurs ; rien n'est comparable à leur apparition rapide, quant à la vie sur la terre ; rien n'est comparable également à leur prompte immobilité ; état latent indescriptible, espèce de mort apparente ; de là une propriété spéciale aux germes de paraître tour à tour morts ou vivants.

L'œuf réel et cellulaire contient donc un principe nouveau, génésique, favorable à une méthode naturelle de zoologie. Nos études ovologiques, depuis la publication de notre premier travail, nous ont permis de mieux régler les divisions des *classes, ordres, familles* et *genres*, précédemment établies.

La *première classe* reste toujours fondée sur la cellule ovulaire simple ; elle constitue les *cellulipares*, divisibles en trois ordres : les *fissiparés*, les *gemmiparés* et les *celluliparés ;* ces derniers ont trois familles : les *cellulaires simples* ou *nucléolés*, les *cellulaires intestinaux* ou *cavitaires*, les *cellulaires organisés* ou *ovariens*.

La *deuxième classe* possède la cellule double. L'œuf, incomplet à l'ovaire, est représenté par l'ovule, formé de la vésicule vitelline ou du jaune et de la vésicule du germe de Purkinge. La vésicule albumineuse ou le blanc ne se réunit à l'ovule que dans l'oviducte pour constituer l'œuf tout entier, des ovipares (*oiseaux*).

La *troisième classe* se caractérise avec la cellule triple ; l'œuf complet à l'ovaire est constitué par les vésicules vitelline et albumineuse, et par la vésicule du germe de **M. Coste.** L'ovule passe pour l'œuf de la femme et des mammifères, c'est une erreur. En réunissant l'*ovule* de Baer, *œuf* des *modernes*, et la *vésicule de Graaff*, *œuf* des *anciens*, nous sommes parvenu à reconstituer le *véritable œuf* des vivipares.

Nous avons divisé les *vivipares* en trois ordres : les *monoplacentés*, les *polyplacentés* et les *aplacentés*.

Les vivipares aplacentés, êtres mixtes, indéfinis en ovologie
ont pour caractère général de ne pas se fixer à l'aide d'un
placenta au sol maternel. On les connait sous les noms divers
d'*ovo-vivipares*, de *faux-vivipares*.

L'ordre comprend deux *familles* : 1ᵉ les *aplacentés internes*
ou l'*ovo-viviparité intérieure*, dans laquelle les œufs sont
couvés en dedans de l'organisme ; 2ᵉ les *aplacentés externes*
ou l'*ovo-viviparité extérieure*, lorsque des organes spéciaux
retiennent au dehors les œufs pendant l'incubation.

L'organe même de l'incubation fournit le nom du *genre* ;
ainsi, il y a des aplacentés *ovariens*, *tubaires*, *abdominaux*,
dermoïdes. La femme et les mammifères obéissent aux lois
de l'ovo-viviparité, quand l'œuf complet et fécondé tombe de
l'ovaire. Nous avons présenté à M. Flourens, notre illustre
maitre et à d'autres savants, des œufs de mammifères après
leur chute de l'ovaire. M. Demarquay a publié un fait très-
curieux et bien étudié de grossesse extra-utérine sans placenta
régulier, depuis nos recherches.

La génération cellulipare occupe le premier rang dans une
classification nouvelle du *règne animal*, moins en raison de
son importance (la monade ne vaut pas un homme) que
dans l'idée de procéder, selon la logique, du simple au composé, c'est-à-dire, en ovologie, de la cellule ovulaire simple à
la cellule ovulaire complexe ou l'œuf.

Que faut-il aux *celluliparés* pour éclore ? Un peu de débris
organiques, de l'eau, de l'air, aidés par les agents physiques,
stimulants de la vie. Alors le nouvel être apparaît ; telle est la
spontanéité vitale ; l'origine des germes.

Les *fissiparés* se reproduisent par sections spontanées de
leur corps, ou bien par bourgeons celluleux, marcottes, bou-
tures ou drageons. La nature et l'art forment ainsi les scissi-
pares des deux règnes.

La périphérie du corps des *gemmiparés* se couvre de bourgeons, de gemmes, de nœuds, tubercules cellulaires, rudiments
génératifs naturels, et à notre volonté artificiels.

Les cellulipares nous offrent le fait étrange et curieux de la

vie collective, au lieu de rester constamment individuelle.
Que d'erreurs sur un phénomène aussi simple et incompris !

Muller impose le nom d'*infusoires* à une quantité prodi-
gieuse de petits êtres microscopiques, fort agiles, variables de
forme et qui semblent naître spontanément au milieu des infusions organiques. Mais il faut naître pour vivre; c'est pourquoi
la cellule prime dans la caractéristique le milieu nécessaire
au développement des organismes et justifie le terme de *cellulipares* que nous donnons aux générations spontanées.

L'*ordre* des cellulipares proprement dits ou des celluliparés
se compose de trois familles dont nous allons exposer les caractères en histoire naturelle.

Aussitôt que les cellules germinatives, devenues libres,
prennent leur essor, nous obtenons les *cellulaires simples* ou
nucléolés; ils sont tantôt à l'état individuel, tantôt à l'état
collectif.

Parmi les cellulaires nucléolés, simples, isolés ou individuels,
nous rangeons les *monades*, les *volvox*, les *enchelides pyrifor-
mes* de Bory, les *bacteries* (*bacterium bacillus*) : ici encore
se trouve le *monas punctum*, bacillaire fusiforme de Muller.

La monade, *punctum vivens*, point organique vivant, représente la monade atome de certains auteurs; c'est la cellule
ovulaire isolée, parvenue au premier degré de développement.
On n'y voit pas toujours la nucléole. La monade à œil des micrographes n'est autre chose que la nucléole visible et agrandie
dans la cellule. Au début des infusions, les minuscules organisés abondent dans le liquide, semblables à de petits points
multiples, par groupes, comme une poussière vivante; c'est
alors la monade pulviscule.

La périphérie des monades est toujours lisse; elle devient
villeuse, ciliée chez les *volvoces*, infusoires également sphé-
roïdes. Pour le *volvox grain*, la nucléole centrale est fort
développée dans la cellule; on ne tarde pas à voir le noyau se
contourner sur lui-même en spirale, et se diviser par segments
irréguliers. La configuration générale varie selon les développements ovulaires, constituant le volvoce grésil, le volvoce

globuleux, remarquable par la segmentation de la nucléole, et le volvoce végétant, quand il se fixe comme une plante pour végéter.

Voilà l'individualité dans l'espèce ; examinons les êtres collectifs, agrégats cellulaires sous différentes formes indécises et mobiles. Quand plusieurs cellules germinatives se joignent après leur sortie de la tige maternelle, ou bien lorsqu'elles quittent ensemble, déjà réunies, le foyer organique en activité de décomposition, elles apparaissent, ainsi juxtaposées, comme un seul être, mais cet être est multiple ; telle est la *monade* à *grappe* avec ses contours effacés, sa forme indécise. Circonscrire en des lignes régulières ces groupes mobiles, pour en former un seul individu, à l'instar des hétérogénistes, c'est voir mal le phénomène et porter un faux jugement. M. Dumas s'est bien gardé de tirer une induction définitive sur la nature des monades errantes quelquefois réunies en masses partielles ; il a le premier très-bien constaté la réunion des monades par séries, libres ou conjuguées. Aucun type n'est fixe ni absolu dans ces agrégats différents formés de cellules développées, et connus sous les noms de *kolpodes*, de *paraméces*. Quoi de plus fantastique que les *protées*, dont l'organisme avec ses lignes sans cesse changeantes dessine le cercle, l'ellipse, la sphère, et se subdivise en lanières multiples ?

Les *cellulaires intestinaux* ou *cavitaires* ont un parenchyme creusé d'une cavité centrale ou digestive ; ils sont extrèmement nombreux ; les *vibrions* ou les *anguillules* de la colle et du vinaigre, les *cyclides,* les *bursaires,* les *tricodes*, les *animalcules spermatiques,* parmi les *cerçaires,* se rangent dans cette famille. Les animalcules de la semence découverts par Leuwenoeck, étudiés par Louis de Hammen, constituent les œufs des mâles suivant M. Serres ; ils ont la forme de filaments, gros et arrondis d'un bout, longs et pointus de l'autre. Ces espèces de chevilles organisées, vivantes, sont douées d'une extrême agilité. Serait-ce le tégument en activité première ?

Ehrenbert, micrographe habile, affirme que les infusoires,

depuis les plus petits jusqu'aux plus grands, sont doués d'un sac intérieur, caractéristique de l'animalité. Il fut conduit à cette pensée générale en les plongeant tour à tour d'une liqueur colorée dans un liquide incolore, pour constater la présence de cette cavité. Les monades ne sont pas établies sur ce plan de structure ; c'est la nucléole, sans doute, visible et colorée à travers les parois de la cellule qu'il signale. Les nucléolés sont des germes mixtes, tantôt fixés et concrets pour le végétal, tantôt mobiles pour l'animal ; ils n'ont aucune trace de canal interne. Si la vésicule germinative était forée pour recevoir l'animalcule, l'acte de la fécondation signalé par Jacobi, chez des œufs de poisson serait la nature prise sur le fait ; rien ne justifie l'exactitude de ce phénomène.

Les expériences relatives à la coloration des infusoires sont calquées d'après nature. Un grand nombre d'animalcules absorbent la matière verte de Priestley et se colorent sous nos yeux. Les *infusoires verts* ou *zoocarpes* de Bory forment en raison même de cette absorption une division spéciale pour ce naturaliste ; ils paraissent plus compliqués que les êtres microscopiques blanchâtres ou hyalins, réfractaires à la matière colorante. L'organisme des volvoces, des vorticellaires se pénètre de molécules vertes sphériques. Quand les huîtres sont en état de viridité, elles renferment souvent un vibrion coloré comme elles ; c'est le *vibrio ostrearius*.

Les *cellulaires organisés* ou *ovariens* sortent entièrement de la ligne des autres infusoires. Les *tubicolaires*, les *brachions* et les *furculaires*, tous fort compliqués, ne sont plus de simples germes, mais des fœtus véritables.

La structure de leur corps semble gélatineuse ; ils ont une forme ovale ou oblongue. La bouche et l'anus sont juxtaposés ; le canal intérieur est long et sinueux ; un appareil ovulaire existe en dedans, et un appendice de cils vibratoires s'élève au dehors. En 1835, M. Seguier, de l'Institut, savant micrographe, auquel j'avais été recommandé par le professeur Moreau, voulut bien mettre à ma disposition ses magnifiques appareils. Tout grandit à la vue avec une clarté rare devant un microscope solaire de première puissance, splendide et riche instrument d'optique; tout se mesure exactement à l'aide des divisions du millimètre au centième, obtenues avec une habileté incomparable par M. Séguier lui-même. Après l'étude d'un œuf humain de quinze jours, nous examinâmes des infusoires, notamment le rotifère. Le mouvement de roue exécuté par les cils rend la progression de cet animal dans le liquide assez semblable à la marche d'un bateau à vapeur. Mais la torsion continue d'une membrane pendant la production des tours circulaires a paru entièrement opposée aux idées physiologiques sur le rôle des tissus. Dutrochet a fait cette remarque et constaté une illusion d'optique; il rapporte le phénomène des ondes successives au battement rapide et successif des palpes ciliées sur l'eau ; tel est l'effet produit quand une pierre tombe au milieu d'une rivière , elle frappe l'eau et détermine des cercles multiples. Le sagace observateur a de plus constaté l'oviparité de la *tubicolaire quadrilobé* (de Lamarck) en assistant à la ponte de l'œuf et à son éclosion. (*Mémoir.*, t. II, p. 399.) On rapproche les rotifères des nauplies et des amynomes en raison du développement, et de plus on trouve un degré de structure suffisant pour classer les infusoires de cette famille après les articulés et les entozoaires.

Au premier degré de l'échelle des êtres, le végétal et l'animal semblent se confondre ; c'est pourquoi on a composé le mot de zoophyte, *animal-plante*, pour les conferves, les tremelles, plusieurs oscillatoires et les conjuguées de Vaucher de Genève.

Aristote caractérise l'animalité par l'existence d'un canal digestif ; c'est insuffisant. Il faut à la fois et la cavité intérieure et la locomotion spontanée ; les mouvements sur place et le conduit interne se rencontrent dans les conferves et les autres hydrophites tubuleuses. Le canal intérieur est rempli de corpuscules hyalins, de glomerules, de globules ovoïdes et d'une matière amorphe sans doute animalisée selon Bory. Quand un tube est brisé, les corpuscules légers, aériens, s'élèvent à la surface de l'eau et les globules se précipitent comme un sédiment.

Cependant, les êtres microscopiques ne sont pas tous rangés parmi les germes et les fœtus; il y a des êtres parfaits, sexués, soumis à la fécondation comme les *acarus*; ceux-là s'éloignent totalement de la celluliparité.

PREMIERS ÉLÉMENTS

D'UNE

MÉTHODE DE ZOOLOGIE

D'APRÈS

L'ŒUF RÉEL OU CELLULAIRE.

Ire CLAS. CELLULIPARES.
Divisibles en 3 ordres.
- 1er Ordre—Fissiparés...
- 2e Ordre—Gemmiparés.
- 3e Ordre—Celluliparés.
- En 3 familles.
  - 1o Cellulaires simples ou nucléolés.
  - 2o Cellulaires intestinaux ou cavitaires.
  - 3o Cellulaires organisés ou ovariens.

IIe CLASSE. OVIPARES.

IIIe CLASSE. VIVIPARES...
·En 3 ordres.
- 1er Ordre. Monoplacentés (mammifères) En 4 familles.
  - 1re fam. Bimanes.
  - 2e — Quadrumanes.
  - 3e — Carnassiers.
  - 4e — Rongeurs.
- 2o Ordre. Polyplacentés (mammifères) En 2 familles.
  - 5e — Pachydermes.
  - 6e — Ruminants.
- 3e Ordre.
  - 1o Aplacentés (mammifères) En 2 familles
    - 7e — Édentés.
    - 8e — Cétacés.

IVe CLASSE. OVO-VIVI-PARES
En un ordre.
- 1er Ordre
  - 2o Aplacentés pp. dits. En 2 familles.
    - 1re —A. internes. En 3 genres.
      - 1o Ovariens.
      - 2o Tubaires.
      - 3o Abdominaux.
    - 2e — A. externes. En 1o genre.
      - 1o Dermoïdes.

CHAPITRE VIII

SYSTÈMES DES GÉNÉRATIONS SPONTANÉES
DE L'ÉVOLUTION
DE L'ÉPIGÉNÈSE ET DE LA MUTABILITÉ

Suivant l'ordre régulier de la reproduction , les êtres succèdent aux êtres qui les ont engendrés, de sorte que la matière organique , depuis sa création, a été mise en œuvre sous différentes formes plusieurs fois disparues, comme l'atteste l'histoire des fossiles. Aux moules organiques brisés, enfouis dans le sein de la terre, ont succédé des types nouveaux constituant les espèces représentées par les générations actuelles : telle est la loi de nature.

Le principe génésique n'a pas toujours conservé son évidence ni sa clarté ; on lui a reconnu des lacunes facilement remplies par les générations spontanées; on refuse d'admettre l'unité spécifique afin d'établir la transformation des espèces dans le *système* de la *mutabilité*, hypothèse sans fondement ; on prétend faire sortir de la matière des infusoires, organismes primaires microscopiques.

L'antiquité païenne a donné l'élan à la pensée d'une matière créatrice. Après un examen superficiel sur l'origine d'une grande quantité d'êtres, et souvent lorsque la souche est bien déterminée, les anciens se sont livrés à des idées spéculatives, construisant sans beaucoup d'art le fameux *système* des *générations spontanées*, encore en vigueur de nos jours. Ils ont placé dans un même cadre, sans ordre, sans preuve, chacun des êtres grands ou petits, jeunes ou vieux dont ils n'avaient pas surpris la naissance et dont ils voulaient pénétrer la première origine. Aristote, célèbre naturaliste, fut le plus zélé partisan de ce mode de génération. On considérait alors comme sortis de terre, spontanément, les coquilles, les vers, les insectes, des reptiles, quelques mammifères et l'homme lui-même. La putréfaction surtout parut une vaste source, féconde, génératrice pour une multitude d'êtres simples et compliqués. Redi et Valisnieri, par leurs belles découvertes sur les sexes et les œufs d'un grand nombre d'insectes et de vers intestinaux, ont ramené les esprits vers une sage observation et détruit de graves erreurs qui régnaient alors dans la science. Quand le progrès sème de lumières la voie génésique, la vérité avance, et le matérialisme, enfant de l'erreur, recule de plus en plus et se confine actuellement aux infusoires, dans l'espérance, sans doute, que les illusions d'optique serviront longtemps de voile à l'origine des infiniment petits. L'ignorance d'un fait n'a jamais passé pour une preuve. Les cellulipares sont destinés à remettre en vue la nature oubliée dans ses actes.

Malgré une apparente simplicité, l'hypothèse antique touchant la génération et la destinée des êtres, était complétement fausse et dépourvue de charmes : on quittait le monde comme on y était entré, au hasard, sans espoir, sans vie future. Semblables à des vases d'argile, façonnés au moule de la nature, les êtres organisés se trouvaient tous fatalement destinés à être rompus, brisés et réduits en vile poussière. Il n'y avait pas de céleste patrie. Claude, selon Tacite, pouvait commander des hécatomphonies pour réjouissances publiques, et le sang humain coulait à flots devant ces assemblées féroces et athées applaudissant au trépas des victimes. Le christianisme, lumière divine, est venu épurer les cœurs, éclairer les esprits, anéantir enfin la formule impie et cruelle, actuellement la risée de la cour Impériale de France : *Ave, Cesar, morituri le salu* *tant*. La vie relève de Dieu ; elle appartient à la patrie et à la famille, notre petite patrie.

Condamner à mort est une usurpation de pouvoir; nous n'avons pas le droit de séparer l'âme du corps. Quelques esprits sagaces chez les anciens se sont arrêtés devant le dualisme humain. Platon, Aristote, plus savants dans la scolastique que dans la positive, ont reconnu vaguement et signalé notre double nature ; tant il est vrai que l'humanité, alors qu'elle s'égare, ne peut jamais éteindre chez tous la belle flamme qui l'éclaire. Socrate entrevoit l'immortalité de l'âme et ne tarde pas à recevoir en récompense un mortel breuvage, la ciguë. La vérité, à l'instar de l'âme, est indestructible ; abandonnée, trahie, comprimée avec trop de violence, elle s'échappe et va briller ailleurs.

L'erreur n'a rien à redouter; elle est trop loin du but; c'est pourquoi le monde aime les défauts et délaisse les qualités. Il y a des erreurs de fait et d'induction. Fille de l'imagination, l'idée, appliquée à la science, séduit quelquefois, mais elle disparait toujours ; ainsi l'âme végétative des plantes, l'âme sensitive des animaux, l'âme spirituelle et raisonnable de l'homme, sont la trilogie platonicienne hors de notre domaine. Il en est de même de l'âme universelle : selon les stoïciens, la vie tient à une gouttelette détachée d'un Océan spirituel. Virgile donne un corps à cette vaste idée ; il dit :

> *Spiritus intus alit ; totamque infusa per artus*
> *Mens agitat molem, magno se corpore miscet.*
> (ÉNÉIDE, LIB VI.)

Toute erreur de fait ne supporte pas aussi facilement l'examen et l'adoption. Quel naturaliste moderne serait assez téméraire ou ignorant pour reconnaître l'*homonculus* ou le petit homme qui pousse de terre comme un champignon. Le *proles sine matre creatâ* doit être désormais relégué dans le pays des chimères ; tout être vivant procède d'un organisme antérieur constituant la tige maternelle : toute vie dérive d'une autre vie.

Cependant, arrivons à l'idée fondamentale des générations spontanées. Le but n'est-il pas de parvenir à prouver que la matière livrée à ses propres forces physico-chimiques devient capable de s'organiser et de vivre ou de produire spontanément des êtres vivants? Fray, Retzius et Gruithuisen, savants positivistes cités par Muller, ont abordé avec zèle, avec franchise et loyauté le fond de la question, la véritable difficulté du problème génésique; ils ont compris mieux que Burdach et ses imitateurs serviles qu'il fallait, pour avoir raison, montrer des êtres organisés sortis ou engendrés directement de la matière brute; tous prétendent avoir observé ce phénomène fort curieux, et très-important; l'un aperçoit des animalcules au milieu d'une onde pure; l'autre découvre une conferve nouvelle s'élevant de l'eau distillée après la dissolution d'un chlorure barytique; le dernier et le plus habile fit infuser de la craie, du granit et du marbre; il prétend avoir obtenu une légère couche de substance gélatineuse, créatrice des infusoires qui s'agitaient dans le liquide. Assurément l'impureté des substances employées et l'expérience mal faite sont les mobiles de conclusions aussi erronées. Je n'ai rien vu de semblable après des recherches autrement longues, multipliées et attentives.

Mettre en usage les infusions végétales et animales pour donner l'essor aux générations spontanées, c'est modifier singulièrement le phénomène de la reproduction; c'est se placer à un nouveau point de vue, en introduisant la matière organique dont il faut apprécier la valeur. A peine sortis du matérialisme pur, inorganique, essentiel et factice, évitons de tomber dans le matérialisme organique, aussi faux que l'autre. En effet, si la substance organisée combinait d'elle-même ses éléments pour former des êtres, elle serait créatrice; or, nous le savons, elle est composée de cellules germinatives, de corpuscules nutritifs et de fluides organiques amorphes, soumis aux lois vitales : la matière ne crée rien, elle a été créée, elle obéit.

Quant à rapporter les nombreuses hypothèses des auteurs

touchant les propriétés génésiques de la matière, un volume entier serait insuffisant. Laissons de côté ces opinions en germe toujours actives, et jamais parvenues à la virilité. Règle générale, plus l'érudition grandit, moins on est sûr d'atteindre la vérité. Le vrai doit être laconique; voulez-vous connaître l'origine des êtres, faites une étude de la cellule germinative.

L'*évolution* et l'*épigenèse*, systèmes célèbres, sont deux pivots sur lesquels roulent toutes les hypothèses des anciens et des modernes pour la reproduction; on peut aisément y rattacher l'hétérogénie et la panspermie.

L'évolution signifie la préformation des germes; d'où est venu le système de l'emboitement et la divisibilité infinie de la matière. Pour montrer le fruit avant la fécondation, Spallanzani eut recours à des artifices d'optique; il vit dans l'oignon de jacinthe la fleur destinée après quatre ans à embellir son jardin; la graine de l'ormeau exposait en miniature à ses yeux éblouis et prévenus, l'arbre entier avec ses feuilles, ses fleurs et des graines; le *volvox globator* lui offrait l'image de plusieurs générations sur le même sol maternel, parce que l'illustre savant se trompait sur la segmentation de la nucléole, ainsi qu'il résulte de nos recherches.

Dans l'épigenèse on prétend que le germe se forme de toutes pièces, sous l'influence de l'électricité ou du fluide magnétique, ou bien par simple cristallisation et agglomération de molécules organiques. Créateurs de ce système, Wolff et Blumenbach ont considéré la génération comme un produit de nouvelle formation.

L'hétérogénie ne va pas au delà; elle se rapproche même un peu de la philosophie atomique d'Épicure et de Démocrite, expliquant la formation des êtres par la rencontre fortuite des atomes; elle relègue les germes de l'air et de l'eau parmi les idées chimériques, les êtres de raison. La panspermie reconnaît à l'instar de l'évolution la préexistence des germes.

Aimez-vous les germes, *on en a mis partout*, de visibles et d'invisibles.

L'induction des actes naturels n'est pas toujours légitime ; elle s'éloigne de la nature en supposant le fait ; telle est l'erreur profonde de Burdach, partisan exalté du positivisme. A la page 338, t. II, de sa *Physiologie collective* il dit : « La génération primordiale est opérée par une réaction électrique de corps non doués de la vie ; car 1° ses conditions sont les mêmes que celles du développement de l'électricité galvanique, savoir, une substance solide, de l'eau et de l'air ; 2° ces trois facteurs agissent en commun, puisque chacun d'eux influe sur la nature des infusoires ..... mais le corps solide qui convient le mieux pour ces sortes d'expériences est la substance organique. »

Après un panthéisme aussi absolu, et clairement exprimé, l'illustre physiologiste traite de *païens de la science,* de *théophobes,* de *matérialistes*, les savants attachés à l'évolution ; ceux-là même qui admettent la préformation ou la création primordiale des germes. D'où vient ce non-sens scientifique ? Faut-il l'attribuer à un accident de collaboration ? Les ouvrages didactiques au long cours sont des magasins hétérogènes qui renferment tous un écueil dangereux, la pluralité des opinions ; ils se trouvent d'ailleurs en défaut contre le précepte d'Horace, *duntaxat et unum.* Il y a des auteurs, disait avec finesse notre célèbre Boyer, qui ne connaissent pas au juste leurs ouvrages ; il a fait preuve pour les siens qu'il savait très-bien les *Mémoires de l'Académie de chirurgie.* Les livres ont leur destinée ; les meilleurs doivent à la fois contenir le précepte et l'exemple ; ils sont alors comme un reflet de la nature.

Cependant, l'histoire des générations spontanées ne se renferme pas dans le cercle des êtres microscopiques ; quelques auteurs y rattachent encore les vers intestinaux, classés parmi les zoophytes.

Les entozaires sont généralement pourvus de sexes séparés : ils sortent d'œufs très-petits. Dans l'espèce humaine les helminthes nous offrent particulièrement de l'intérêt : les uns vivent dans le tube intestinal, sous forme de vers rubanaires, comme le *tænia* et le *botriocéphale* (*T. lata*), ou bien avec la configuration de vers cylindriques , tels que les *ascarides lombricoïdes*, les *oxyures*, les *tricocéphales*.

Parmi les entozoaires existants hors des voies digestives, nous pouvons citer le *strongle - géant*, qui, développé dans les reins , suit les voies d'excrétion de l'urine pour être rejeté au dehors. M. J. Cloquet a donné la névrologie de cette espèce ; la *douve du foie* ; le *dragonneau* de *Médine* ou ver cutané : les *hydatides* ou *vers vésiculaires*, appelés, selon leur structure , *acéphalocystes* , *échinocoques* , *cysticerques* , ont tous pour siége primitif les trames organiques ; ils sont dépourvus de sexe, et leur génération spontanée paraît indubitable ; il en est de même des spermatozaires selon Treviranus.

Les entozoaires, naturellement pourvus de sexes et d'œufs, rentrent sous les lois naturelles de la reproduction ; il serait ridicule, pour eux, d'avoir recours à la spontéparité. Hippocrate (*Lib. de morbis*) et Mareschal de Rougères (*Journal de méd.*, t. XXV, an 1769) ont vu des enfants rendre des vers en venant au monde, d'où est venue l'idée que les lombrics , quoique sexués, naissent spontanément avec l'homme ; on oublie que les œufs des helminthes peuvent être transmis par le sang de la mère au fœtus, à l'instar des granules de la garance qui vont colorer les os en état de formation. Les plantes ont-elles des parasites? M. Perès vient de découvrir les vibrions de la truffe, il compare ces anguillules à des helminthes. Mais revenons aux parasites de l'espèce humaine.

L'origine des entozaires asexués mérite un examen nouveau ; elle se rattache à la celluliparité.

L'ovule, fécondé ou non, tombant au pourtour de l'ovaire de la femme et des mammifères, devient en se modifiant une hydatide accidentelle, claire et transparente. On la distingue aisément de l'œuf complet des vivipares échappé du réceptacle, en mettant en usage la décoction; l'hydatide reste limpide; l'œuf est blanc par l'albumine concrété. Les kystes ovariques résultent du développement anormal et spontané des œufs clairs non fécondés ; ils sont uniloculaires ou multiloculaires et toujours doublés par les cloisons du tissu fibreux ovarien qui les enchâsse ; telle est l'hydatide sans tissu cellulaire ; le cerveau en est dépourvu ; je n'ai observé des cysticerques en grand nombre qu'une seule fois dans l'intervalle des circonvolutions cérébrales d'un fou mort à Bicêtre ; les plexus choroïdes et les ventricules n'en sont pas à l'abri ; ils se logent au milieu de la trame sous-séreuse et ailleurs sous-muqueuse. A la nécropsie, j'ai vu le foie d'un vieillard avoir les deux tiers environ de sa substance parsemée d'échinocoques ; les poumons d'un autre cadavre avaient par petits groupes de nombreux vers vésiculaires. Les hydatides du rein ont particulièrement fixé mon attention ; j'ai tracé leur séméiologie et leur anatomie pathologique en appendice au Mémoire sur les maladies des vieillards, couronné par la Faculté de médecine de Paris. Les reins à leur périphérie sont parfois bosselés de toutes parts, offrant assez bien l'aspect d'un ovaire avec ses vésicules, moins toutefois la couleur et le volume ; or, ces vésicules sont les hydatides mêmes dont on peut surprendre le décollement et la chute imminente dans l'infundibulum , et les voir de point en point suivre la filière des voies d'excrétion. Quelle est l'origine des hydatides trouvées dans les cavités séreuses ? A l'occasion de plusieurs vers hydatiques rencontrés dans le péritoine, une discussion s'est élevée parmi les membres de la Société médicale des hôpitaux. (Voyez *Union méd.*, p. 475-493, 1867). On a fait justement observer que la circulation du sang et de la lymphe ne pouvait éclairer ce transport. L'explication donnée me paraît inadmissible, parce qu'elle est contraire à la genèse des helminthes. Il faut rejeter la pénétration des hydatides dans le péritoine après une prétendue perforation intestinale par deux raisons : d'une part, les cysticerques dans les intestins se trouvent sur leur sol de développement, et, d'autre part, nous avons pour résoudre le problème l'origine spontanée des cellulipares avec les cellules germinatives sous-muqueuses.

Le cysticerque est-il un germe ou un adulte? Quand on fait manger le *tænia solium* par un cochon, on provoque l'affection nommée *ladrerie;* autant d'anneaux avalés, autant d'animalcules produits. Le porc devenu ladre constitue pour l'homme une nourriture malsaine, fatale en helminthes complets. Humbert, de Genève, a voulu manger de cette viande altérée, et il rendit quoi? des cysticerques; non, des tœnias. Quelle est l'induction légitime de ces expériences? Siebold, Luickart et Humbert ont admis la métamorphose d'un animal en un autre animal d'espèce différente; le corollaire est faux. Les cysticerques pour l'espèce porcine restent à l'état invariable de germe; ils deviennent des animaux complets, des tænias, en parcourant l'intestin de l'homme ; partout ailleurs dans l'économie humaine il n'y a plus de développement, chaque germe hydatique conserve sa nature. L'œstre du cheval ne va pas au delà de la chrysalide dans le tube gastro-intestinal de ce solipède ; la métamorphose en mouche se fait à l'air libre, au milieu des matières excrémentitielles.

L'origine de l'œstre fut longtemps rapportée, par erreur d'observation, aux générations spontanées.

La transition d'une espèce en une autre espèce, simple idée hypothétique, ne tient pas devant les faits. Aucun historien véridique ne relate un pareil phénomène, à moins que l'on ne considère comme positif l'homme changé en bête, selon l'Écriture. Mais le roi insensé qui laisse croître ses cheveux et ses ongles, à l'instar d'un animal, un jour fait toilette et reparaît homme, quand la raison lui revient : la métaphore est une figure dont il faut saisir le sens.

Le système de la *mutabilité des espèces* conduit à juger les organismes au figuré et non au positif. Une idée doit prendre racine à la matière pour recevoir le cachet des sciences; lorsqu'elle naît sans preuves, elle manque de sanction ; lorsqu'elle signale un phénomène incomplet, le jugement devient faible, incertain. De même que le positiviste ne prouve pas, avec les forces physico-chimiques, le passage de la molécule inerte en cellule vivante ; de même il reste impuissant à faire voir la transmutation des espèces différentes. La nature proteste encore contre le faux système de la mutabilité.

On dit : la géologie témoigne des formations successives et graduées; chaque âge du globe possède ses animaux et ses plantes: les premiers rudiments de la vie sur la terre furent confiés à des zoophytes, à des agames. Les faits sont vrais, mais partiels, ils prouvent seulement que plusieurs cataclysmes ont été suivis de la destruction radicale des êtres simultanément doués de la vie pendant la même période.

Pour soutenir avec raison le système, il faut absolument démontrer, les pièces anatomiques à l'appui, comment arrive la métamorphose des espèces les unes dans les autres. Nulle part on ne rencontre des êtres intermédiaires ou de transition ; toujours et partout les espèces sont fixes, bien déterminées. La filiation marquée de moules antiques avec les espèces actuelles en donne la preuve directe ; il y a des coquilles fossiles dans les montagnes basses de l'Apennin, entièrement semblables aux coquilles du rivage voisin de la Méditerranée ; le tapir, espèce de cochon à trompe, possède son représentant antédiluvien. Le *mésothérium*, animal bizarre découvert dans le limon des pampas, est un rongeur formant un nouveau genre, d'après l'étude récente d'ostéographie du professeur Serres. Mais un être paradoxal, soit d'Amérique, soit d'un autre pays, ne constitue pas un être de transition. Quoi de plus irrégulier que les pattes des chéloniens? en avant, elles sont plates, comme des rames terrestres, espèces de nageoires; en arrière, elles se terminent par deux pilons semblables aux pattes des plantigrades ; et pourtant, le quadrupède ovipare n'appartient ni aux poissons ni aux mammifères. Toute révolution du globe, marquée par une génération nouvelle, sans être intermédiaire, est assurément un fait immense pour démontrer la permanence de l'espèce.

Que dire de ces générations spontanées de savants qui osent donner à l'homme une origine *simiaque?* L'*homme-bête*, à Genève, aura bien de la peine à s'acclimater en France. Avant d'admettre pour premiers parents un singe et une guenon, il serait fort à propos de montrer comment la bête s'est faite homme. Qui a jamais vu des primates engendrer des humains? Qui donc voit notre espèce produire des quadrumanes? Mais la révolution est terminée, le fait a existé, telle est l'hypothèse; et la preuve scientifique qu'il s'est une fois produit où se trouve-t-elle? Un ethnologiste dédaigne les arguments captieux, rejette les fausses analogies, ne se prête pas surtout à des détails de structure mal vus, très-mal jugés; c'est pourquoi on le craint dans ses écrits, on l'empêche de fournir ses preuves. Il exige les traces matérielles de la filiation du singe à l'homme; il a esquissé, au physique, la différence spécifique et radicale du corps des bimanes et des quadrumanes, et prouvé, au moral, que le singe ne pense pas, tandis que l'homme calcule, invente, perfectionne, bâtit ses villes, fonde des sociétés tutélaires, possède un langage; la différence de nature est complète. Le darwinisme, science des révoltés de la raison, ne parvient à la mutabilité que par la transformation des sophismes. Je préfère à cette utopie l'idée belle et noble de Lamartine :

« L'homme est un dieu tombé qui se souvient des cieux. »

Le *dieu tombé* aide la poésie, l'*ange déchu* convient mieux à l'histoire; la vérité scientifique ne tolère pas de licence.

Terminons par une expérience de physiologie entièrement opposée à la mutabilité. M. Naudin a vu sur une tige de fougère naître des variétés ou des races distinctes les unes des autres, et le phénomène se produire sans transition, sans interruption : c'est l'origine des races. Il ne faut pas confondre la *mutabilité des races*, fait incontestable, avec la *mutabilité des espèces*, idée erronée. On modifie le moule de la nature, on le brise, on le détruit entièrement; mais tant qu'il subsiste on ne le défigure pas; il garde toujours le cachet du Créateur.

CHAPITRE IX

LES GÉNÉRATIONS SPONTANEÉS A L'AIR LIBRE

La nature en travail de ses productions ne livre pas le
secret de son œuvre intime à l'observation légère, aux expériences rapides ; on récolte ainsi des faits sans avoir leur
signification ; c'est juste l'événement scientifique propre aux
générations spontanées.

Avant de juger ses actes, laissons agir la nature. Quels sont
les phénomènes appréciables dans les infusions végétales et
animales ? Toute matière organique plongée dans l'eau,
exposée à l'air et la chaleur aidant, subit une altération soudaine dans sa structure ; elle entre en dissolution ; ses parties
élémentaires constituantes, jusqu'alors agrégées, retenues
captives, se séparent graduellement les unes des autres ; son
volume se réduit, sa forme s'efface et disparaît pour toujours.
Bientôt on observe le trouble à la place de la transparence du
liquide avant l'infusion ; un singulier développement de bulles
de gaz, comme des perles, traverse la liqueur, pour crever et
s'éteindre à sa surface ; le liquide devient alors plus dense,
comme mucilagineux. Burdach, le chef de l'école allemande,
rapporte à une décomposition chimique cette dissolution des

éléments de la matière putrescible. La génération des infusoires serait un produit, parce que, suivant ses idées, « le vivant doit se développer de ce qui n'a pas vie. » Erreur profonde de fait ; témoin la génération des ovipares et des vivipares ; témoin encore, comme nous allons le prouver, la génération spontanée des cellulipares.

L'apparence mucilagineuse du liquide, prélude d'une action plus grave, naturelle, génésique, est due à la séparation des corpuscules organiques nutritifs entièrement dissous.

Le tableau change alors : dans l'eau saturée d'une quantité suffisante de matière amorphe et nutritive, il se fait en tous sens une espèce de trépidation moléculaire fort remarquable par le mouvement des cellules ovulaires simples, germinatives, dégagées de la masse et devenues libres, errantes, toujours agitées avec violence au moment de la génération des monades et des autres infusoires.

Tandis que la formation des cellulipares est en pleine activité, la matière organique diminue et dégénère peu à peu en détritus mou, flasque, irrégulier au fond du vase ; et il s'établit simultanément à la surface du liquide une couche de substance gélatiniforme, appelée *mucus primordial*, et considérée comme une membrane proligère en Allemagne. La couche molle, superficielle, se durcit et devient opaque sur plusieurs points isolés, formant des îlots concrets, bientôt réunis en une seule masse et constituant la pellicule ou la croûte, espèce de couvercle étendu sur la liqueur.

En France, un savant naturaliste compare, pour la structure, la concrétion organique à un ovaire primordial ; et pour la fonction, il admet une ovulation spontanée d'où sortent les ovules originaires des infusoires. Science oblige! il serait de toute justice de me rendre l'*ovule des cellulipares*, *me, me, adsum qui feci*. La cellule ovulaire simple est parfaitement signalée à la page 39 de *mes recherches* sur les *ovo-vivipares* et sur l'*œuf réel* et *cellulaire*, en 1854. Quant à l'ovaire et à l'ovulation, vicieuse interprétation pour les générations spontanées, nous pouvons aisément en démontrer l'erreur. Sans nous arrêter à l'idée bizarre que la croûte est formée par les cadavres d'animalcules, nous trouvons un singulier ovaire, donnant à l'air libre des microphytes et procréant des microzoaires dans le liquide. Un organe mi-partie végétal, mi-partie animal est tout simplement une monstruosité qu'il faut reléguer dans les fautes d'observation : tel n'est pas le plan exact de la concrétion. On a mal lu au livre de la nature, et la preuve, c'est qu'il arrive aussi bien des infusoires sans la croûte, alors qu'on empêche sa formation à la surface de la liqueur, que lorsque cet amas durci, ovaire supposé, reste en place. Nous verrons bientôt un ovaire sans ovulation, sans infusoires. La croûte, *champ fertile*, n'est pas du tout un *organe*. Quel est donc le rôle physiologique de cette masse concrète? Les cellules ovulaires simples, épaissies et immobiles, sont les premiers rudiments du règne végétal; chaque cellule, fixée dans la matière nutritive très-compacte, durcit et devient en se développant un microphyte. Détruire la *croûte*, c'est immédiatement anéantir la génération spontanée des végétaux primaires.

Concrétion cellulo-corpusculaire, la croûte a pour destinée naturelle la germination des plantes minuscules; elle s'établit à la superficie des gelées végétales ou confitures, malgré le bon degré de cuisson, malgré le papier alcoolisé et protecteur; elle engendre soit le petit pinceau, *penicillum glaucum,* soit la petite asperge, *aspergillus :* ces organismes simples sont des filaments déliés, bientôt pourvus de spores génératifs qui éclatent et germent en s'assimilant peu à peu la totalité de la conserve ou gelée. Ainsi, *voilà* bien *l'ovaire*, *moins l'ovulation, moins* les *infusoires.* Cependant l'humidité ne remplace pas l'eau, facteur indispensable aux animalcules; examinons le fait.

Pendant la fermentation des sucs de raisin et de pomme, il s'élève à la surface du liquide des détritus organiques qui, devenus épais, durs, concrets, produisent du côté de l'air des mousses nombreuses, et de l'autre côté, dans la liqueur, ne forment absolument rien : il n'y a jamais d'infusoires dans le vin et le cidre. Pour observer des vibrions, ces liquides doivent être altérés ou convertis en vinaigre à l'air libre.

Les vibrions de la colle sont quelquefois visibles avant la concrétion de la surface ; aussitôt arrivée, celle-ci se couronne de mucédinées. Les anguillules de la colle et du vinaigre ont une grosseur inégale ; mais le volume ne peut jamais constituer l'un des caractères spécifiques et différentiels des êtres.

Le milieu, en général, décide autant du genre des infusoires que la nature des substances employées. Il n'est donc pas indifférent d'examiner les liqueurs acides, alcalines, neutres et putrides. Muller refuse des animalcules aux acides, sans doute s'ils sont concentrés ; autrement, l'erreur est manifeste. L'encre, formée d'un sel de fer, dissous avec la gomme et la noix de galle, ne produit pas d'infusoires ; les cellules libres gagnent la surface, durcissent en développant, d'après la genèse véritable, une moisissure blanche, l'*hydrocosis atramenti*. Toujours l'*ovaire*, *sans ovulation*, *sans animalcules ;* laissons l'organe idéal de l'hétérogénie se perdre dans la bouteille à l'encre et revenons à l'histoire des êtres microscopiques, qui seule nous intéresse.

Il arrive une époque de calme, de repos dans la liqueur infusée, espèce de crapaudière, où l'on voyait encore fourmiller récemment et en tous sens les générations spontanées, vives, alertes, agitées souvent à l'extrême. La quantité des êtres nouveaux semblait immense ; elle se réduit maintenant à des débris, parfois informes, libres, flottants, passifs. Pendant la vie le mouvement sert à dessiner les infusoires, et rend sensibles les contours indécis ; il permet d'apercevoir la forme des êtres dont la grande ténuité nous échappe pendant le sommeil, véritable état de mort apparente. On soutient que les animalcules étant tous carnivores, leur vive agitation indique beaucoup de fuites et d'attaques et qu'à la fin restent seuls les vainqueurs repus et immobiles. Quand on n'y voit plus avec les yeux du corps on a grand tort de se fier entièrement aux vues de l'esprit. Mais il y a là un fait certain. L'immobilité et la transparence dérobent assurément à notre observation un grand nombre de cellulipares ; dès lors ils sont perdus pour la science : placés en dehors des organes des sens, ils restent invisibles, semblables aux météores que nous voyons briller et disparaître au firmament sans aucune signification appréciable. Spallanzani défend de décider qu'il n'y a rien d'existant lorsqu'il n'y a rien de visible. Qui sait la dernière forme des germes ? le dernier refuge de la vie ? Dans les sciences naturelles, la certitude morale n'égale pas la certitude physique ; nous devons, pour affirmer, voir les animalcules inactifs ; c'est l'état latent des germes.

On parle beaucoup de germes sans en connaître l'origine, la nature et la destinée physiologique. Nous appelons germe la cellule ovulaire simple après son développement ; la cellule est l'œuf, le germe représente l'embryon microzoaire et microphyte. Le canevas organique n'est plus ; à sa place on trouve vivant un nouvel être qui jouit, en apparence, du privilége de mourir et de ressuciter comme le rotifère des toits, d'après la fameuse expérience de Spallanzani. Les vibrions des graines du blé, desséchés, semblent morts ; mouillés, ils reviennent à la vie.

Les infusoires sont-ils des germes ou des êtres adultes ? Les cellulipares se divisent en deux embranchements, les germes et les fœtus ; ces derniers, embryons supérieurs, comme le tétard de la grenouille dans un rang plus élevé de l'échelle des êtres, sont les rotifères ou les cellulaires organisés, uniquement destinés à grossir et à se changer en adultes. Tous servent à la dissémination : telle est leur destinée. On conçoit avec quelle facilité les vents transportent à des distances énormes de pareilles bribes organiques ; on comprend encore mieux l'apparition soudaine, inattendue, comme spontanée des végétaux et des animaux qui semblent sortir de terre au milieu de contrées sablonneuses, inhabitées, apportant tout à coup fertilité et abondance à l'oasis du désert et vers les plages désolées. A l'époque de la floraison on a vu planer au-dessus des guérets de petits nuages blancs, transportés à de très-grandes distances pour la fécondation des céréales ; on a signalé autour des forêts de pins et de sapins des poussières polliniques jaunâtres attribuées par ignorance à des pluies de soufre. La migration des sauterelles, les pluies accidentelles de jeunes batraciens, aussi bien que les semences polliniques entraînées, donnent une idée juste de ces translations passives, éloignées et remarquables ; c'est le tableau en grand des phénomènes microscopiques de la dissémination des germes.

On a tort de nier l'existence des germes dans l'air. Pour se rendre témoin à volonté d'un phénomène, il faut aller à sa source. L'éclosion des germes se fait en masse près des marécages, sur les tas de fumier, partout où il y a des matières organiques en décomposition. De la fumée qui s'élève du sein de ces substances on obtient aisément les cellules ovulaires simples et les protogermes. L'atmosphère putride est un foyer où l'on récolte les cellules germinatives : partout ailleurs il faut se trouver sur le passage, alors que l'air, agité par les vents, transporte les germes, et probablement alors qu'ils émigrent en vertu d'une force vitale d'attraction vers les lieux où ils peuvent revivre. Qui donc oserait nier la dissémination? Les grands vents et les trombes produisent des effets terribles, constatés naguère à Malaunay, près de Rouen, signalés autrefois par un physicien, qui a vu des mammifères transportés d'un champ dans un autre, une barque enlevée de l'eau et déposée sur la plage. Les spectacles de désolation par les éléments déchaînés sont la terreur des campagnards et des marins. Ainsi, plus de doute, les germes formés abandonnent leur source pour aller de toutes parts se fixer à des distances énormes.

Quoique desséchés et inactifs les germes ne sont pas morts; ils attendent le moment marqué pour assister à la vie. En effet, naître, vivre et mourir en quelques heures paraît une condition imposée aux infusoires entièrement contraire aux ordres réguliers de la création. La nature ne fait rien d'absurde, ne crée rien d'inutile. Que serait une vie sans but! une mort sans nécessité! Les germes sont la vie en espérance ; ils ont par conséquent une fin nécessaire. Cicéron, dans ses *Tusculanes*, rapporte que, selon Aristote, il y a des insectes sur les bords de l'Hypanis dont l'existence dure un jour : le matin ils meurent de jeunesse, le soir dans la décrépitude. La mort marque une subordination aux causes finales lorsqu'elle laisse après elle la vie sur la terre. A peine s'il vient d'éclore que le bombyx meurt d'amour ; mais l'infortuné tisseur de soie sème en mourant de la graine qui devient la souche et pour nous l'espoir de sa lignée.

Après l'histoire naturelle des infusoires, on doit passer à l'étude de la matière verte de Priestley, matière spéciale, considérée par le grand chimiste comme une disposition glaireuse de l'eau qui devient verte au soleil. On trouve la matière verte partout où l'eau coule, filtre, séjourne, et même dans l'eau de pluie et distillée ; les sources, les ruisseaux, les rivières, les étangs, les bassins, les citernes, les mares, sont limités par des lignes d'un vert glauque, fixées sur les pierres immergées, sur les bois flottants exposés aux rayons solaires ; partout où règne l'humidité elle apparait ; elle forme le *mucor mucido*, les vaucheries, qui se dessinent en taches livides, verdâtres, gluantes sur les murs des habitations nouvelles, après les vitres, toujours dans les endroits bas et humides.

Quelle est la nature de cette substance? Priestley a très-bien distingué la matière colorante granuleuse de la mucosité qui l'accompagne et qu'elle pénètre. Formée de corpuscules ovoïdes, libres, indépendants les uns des autres, la matière verte desséchée se réduit en poussière colorée ; les naturalistes la composent de molécules végétales ; nous avons trouvé dans cette substance le pigment vert des plantes.

La matière verte se développe spontanément ; on peut hâter sa formation en mettant une substance putrescible dans l'eau exposée à l'air libre et aux rayons lumineux. Pour étudier sous le microscope les corpuscules verts, j'avais coutume de mettre contre les parois du vase des morceaux de verre, sur lesquels venaient se condenser les particules colorées. Les petits êtres verts, ovales, elliptiques ou ronds reconnus par Ingen-Housz, qui les prend pour la matière verte elle-même, ne sont que des animalcules teints et mobiles. Les végétations primaires s'élèvent de toutes parts des cellules ovulaires disséminées avec les corpuscules ; elles se colorent en vert, ou en rougeâtre, selon le pigment : ainsi le *chamœnema carneum* constitue la *mousse rougeâtre* des vieux bois.

Les corpuscules verts sont une excellente *boussole végétale*, utile pour jalonner la direction au voyageur désorienté, au chasseur perdu dans les forêts. La nature prévoyante a constamment placé au côté nord des arbres une teinte verte très-foncée, souvent unique, comme incrustée à la surface de l'écorce, et de plus des paquets de mousse très-touffue au pied des bois en futaie.

CHAPITRE X

PHYSIOLOGIE EXPÉRIMENTALE DES CELLULIPARES

L'homme ne possède pas un droit absolu sur la nature ; il exerce son pouvoir dans un cercle tracé à l'avance et infranchissable. Ainsi, il ne tire pas de la terre un seul être organisé ; il ne transforme pas la molécule inerte en cellule vivante ; avec rien il ne produit rien ; d'où les axiomes d'Épicure : « Rien ne peut sortir du néant, et rien n'est anéanti, » répétés en vers par Lucrèce, *de nihilo nihil, in nihilum nil posse reverti.* Un point d'appui et le levier assez long étant donnés, Archimède eût manqué de forces suffisantes et nécessaires pour soulever le monde.

Oui, notre puissance est limitée. Nous n'avons pas même la science d'arriver au néant. Le récipient de la machine pneumatique contient encore de l'air excessivement raréfié ; car le vide n'est jamais parfaitement établi, d'après les expériences de Gay-Lussac.

Quand on se livre à la recherche des générations spontanées, la première pensée qui pénètre l'esprit et le domine, c'est de former un petit être, animal ou végétal, avec la matière indestructible. Dès les premiers pas en science, je fus tourmenté du désir de tirer du limon dont nous sommes pétris une légion d'infusoires. Élevé au milieu d'hommes instruits, je désirais en les imitant joindre l'expérience à la théorie. Je croyais fermement alors aux générations spontanées. Vauquelin n'y ajoutait pas foi; il avait approuvé ma question sur le signe certain de la mort, afin d'éviter le malheur de couper un vivant pour un mort; mais il redoutait avec ses idées sévères d'analyse de me voir lancé à la découverte de la pierre philosophale des naturalistes; l'illustre savant comparait les générations spontanées au grand œuvre des alchimistes. Je me soumis à la parole du maître et de l'ami; alors, il *était trop tôt;* aujourd'hui, le temps manque, les appareils et les ressources du Muséum font défaut, *il est trop tard.* L'expérience était juste cependant...; mais rassemblons les faits pour les coordonner avec méthode, selon l'avis d'un grand orateur : « L'ordre met plus en lumière la vérité. »

1º *La matière inorganique produit-elle avec ses propres forces la matière organisée ?*

Une masse de poudre est composée avec la silice, l'alumine, la magnésie, les carbonates et phosphates de chaux, les oxydes de manganèse et de fer (les sables de rivière et du grès lavés à l'eau distillée furent desséchés dans des tubes en fer fortement chauffés avant la pulvérisation). On divise ensuite cette poussière inorganique en des parties égales.

*I*re *Expérience.* — La première fraction de cette poudre est placée avec de l'eau distillée dans des coupelles, sous une cloche remplie d'air artificiel; rien d'organisé, rien de vivant après plusieurs mois.

*II*e *Expérience.* — La seconde fraction des poussières inorganiques est soumise à l'ébullition dans l'eau distillée à l'air libre; puis tout reste dans un ballon rempli d'air purifié; aucune modification sensible après une année entière.

*III*e *Expérience.* — Du foin, de la paille provenant du

blé et de l'avoine, de la luzerne et de l'herbe sont brûlés et réduits en cendres ; la poussière est aussitôt mise dans un ballon avec de l'eau distillée et de l'air purifié. Dix mois environ s'écoulent, et rien ne bouge, rien ne prend vie.

A la campagne on emploie l'incinération des mauvaises herbes pour obtenir leur destruction radicale ; le fait est vulgaire et journalier ; la science nous aide à sanctionner une pratique utile à l'agronomie.

IVe Expérience. — Le corps d'un fœtus de chat est soumis à la crémation ; les cendres après une trituration sont immergées dans un ballon. préalablement rempli en partie d'eau distillée et d'air purifié ; rien ne se développe, rien ne remue depuis plus de dix-sept mois.

Guidé par une vue sage et éclairée d'économie politique, le docteur Caffe, mon ami, juge très-compétent en hygiène, a proposé la crémation des cadavres à la place de l'inhumation. On verrait de nouveau dans le monde les urnes funéraires, suprème consolation des familles. Les cendres des ancêtres seraient honorées, respectées et chéries comme les dieux Lares des païens, moins l'adoration.

Quoi qu'il en soit, les poussières inorganiques, les cendres obtenues de la substance organisée, mises en rapport avec l'air et l'eau, tous deux purifiés et l'air souvent fabriqué, sont constamment demeurées des matières inertes dans nos matras. Il serait trop long et même fastidieux de rapporter une longue série de faits négatifs.

Nos expériences ont été faites à vases clos ; l'air a été purifié en traversant l'acide sulfurique, l'eau distillée, et une tubulure remplie de chlorure de calcium pur et anhydre ; l'eau, plusieurs fois soumise à la distillation, fut examinée çà et là au microscope et, de plus, essayée à l'aide des réactifs ; sa pureté nous parut irréprochable. Le calorique, la lumière, l'électricité, le fer aimanté furent souvent mis en usage. Quand les forces physico-chimiques ont été employées trop longtemps ou avec énergie, elles ont produit la dessiccation des poudres, et c'est tout ; jamais le moindre vestige d'organisme dans ces masses inertes.

Entraîné plusieurs fois par la même pensée de recherches, j'ai visité les poudres d'une pharmacie très-bien tenue, et dans laquelle je fus élevé. Là, j'ai vu que toute substance inorganique, en contact avec l'air ordinaire renfermé dans les flacons hermétiquement bouchés, ne s'altère pas, à part quelquefois la couleur. Mais si l'humidité pénètre avec la poussière qui voltige dans l'air, on rencontre alors sur cette couche d'impuretés quelques moisissures.

Les poudres végétales, bien desséchées et mises également à l'abri des vapeurs aqueuses dans les bocaux parfaitement bouchés, se conservent intactes fort longtemps ; elles moisissent très-vite exposées à l'air libre et humide.

Le charbon possède une propriété spéciale ; c'est un désinfectant. On l'oppose avec avantage à la décomposition putride. Il m'a rendu de grands services pour régler les macérations organiques alors que je m'occupais de travaux sur les tissus au laboratoire du Muséum : on peut en faire un putrinomètre pour obtenir le degré de désorganisation des parties. Chacun sait qu'il suffit de mettre du charbon dans un vase où la tige des plantes plonge dans l'eau, pour retarder l'altération du liquide et prolonger l'éclat des fleurs. Prétendre, comme on l'a fait, que le charbon avec l'air et l'eau, ces deux agents purifiés, ont formé des infusoires, c'est donner une grande preuve de négligence en physiologie expérimentale. Un résultat favorable n'a pu être obtenu, sans qu'il se soit glissé des poussières organiques entre les molécules charbonneuses, ou bien la carbonisation fut incomplète. Physiologistes, assurez-vous donc de vos réactifs si vous voulez triompher de l'erreur. Le diamant, carbone pur, traverse les siècles sans altération. Pour être appelés à la texture, les éléments solides, liquides ou gazeux, sont obligés de se transformer dans les organismes en activité.

2° *Interrogeons maintenant la matière organique.*

Vᵉ Expérience. — Nous mettons de l'albumine et de l'eau distillée dans un ballon rempli d'air artificiel, sans obtenir aucun résultat; si l'on casse le col effilé du matras (on enlève quelquefois seulement le bouchon à double tubulure), il ne tarde pas à survenir des vibrions, des monades et des moisissures.

Après avoir introduit dans deux ballons une légère solution de gélatine avec du sucre de canne, M. C. Bernard a chassé l'air par la chaleur dans l'un, et laissé l'autre à l'air libre ; celui-ci, plus tard, offrit des végétations et des animalcules ; celui-là n'avait rien (*Gazette Médicale*).

Un autre savant, M. Boussingault, si mes souvenirs sont fidèles, a mis de la gélatine dans un ballon après y avoir fait le vide, et rien n'a bougé. Dès que le col du matras est rompu, la scène change, l'air entre et bientôt on voit naître des vibrions.

Faire le vide, chasser l'air par la chaleur, ce n'est plus l'état normal fixé par les hétérogénistes, et propice aux générations spontanées ; c'est pourquoi nous avons toujours conservé et mis en présence les trois facteurs, l'air, l'eau et la matière organique. Wrisberg démontre qu'il suffit d'étendre une couche d'huile à la surface de l'infusion refroidie pour soustraire celle-ci à l'air atmosphérique et empêcher le développement des animalcules.

De l'ensemble de ces faits nous pouvons tirer deux corollaires : l'un que la substance corpusculaire ou nutritive, livrée à elle-même, et de plus, aidée et soutenue par les agents naturels, ne produit rien ; l'autre que les germes sont nécessairement venus du dehors.

Telle est la véritable signification des expériences contradictoires de M. Donné. Quand il perce la coquille, les germes entrent et manifestent bientôt leur présence ; lorsqu'il laisse intacte l'enveloppe calcaire, il n'y a plus d'animalcules apparents ; c'est juste et naturel puisque la matière nutritive, quoique très-abondante, dans l'œuf de poule (1), ne contient pas de cellules ovulaires simples ; elles ou les germes doivent venir de l'extérieur.

La matière organique des cellules germinatives renferme tout le secret de l'origine des cellulipares ; ici plus d'obscurité ; elle seule engendre les organismes primaires avec le concours des agents physiques soit purifiés, soit artificiels.

VIe Expérience. — Dans un ballon je place de la matière organique, de l'eau distillée et de l'*air artificiel* ; on chauffe doucement et par intervalles l'appareil qui reste exposé à la lumière et à la chaleur du soleil : il y a production de mousses et d'infusoires.

On remplace l'air fabriqué par de l'*air* ambiant *purifié*, et, toutes choses égales d'ailleurs, on arrive aux mêmes résultats favorables.

Donc les *germes* ne viennent pas exclusivement de l'air.

Le fluide aérien fabriqué donne la certitude qu'il ne renferme pas de germes ; mais purifié, on le conteste ; on soutient que les germes restent invisibles et se trouvent attirés par une force naturelle et inconnue, et, de plus, étant indestructibles, en vertu d'une propriété spéciale, qu'ils viennent peupler les matras.

(1) N. B. — Buffon signale les œufs de poule à double jaune. Un œuf semblable, après l'incubation, renfermait deux fœtus et des enveloppes distinctes. Aristote a déjà le fait : Valenciennes voulut le vérifier ; il ne fut pas heureux. Les œufs doubles qu'il vint choisir à la Vallée furent sans doute ou trop vieux ou non fécondés. Pendant un séjour à la campagne, M. Broca reprit l'expérience et obtint le succès indiqué dans mes *recherches*, sur les *ovo-vivipares*, page 13. On s'étonne de voir les savants rester longtemps étranger à l'existence des œufs doubles, alors que la moindre des ménagères dit avec insouciance : *ça se voit quelquefois*. Le peuple, grand observateur, arrive souvent le premier à découvrir la vérité. Bichat se confiait aux adages populaires. Avant la démonstration ingénieuse du sucre hépatique, par M. Claude Bernard, quel *chef fort en gueule*, selon le style de Rabelais, ne savait pas ajouter à *son foie*, pendant la cuisson, un peu de sucre pour augmenter la douceur du goût.

VIIe Expérience. — De la matière organique et de l'*eau artificielle* ont été mises dans un ballon rempli d'air atmosphérique ; l'appareil fut exposé à la lumière et à la chaleur. On a chauffé quelquefois sans aller jamais jusqu'à l'ébullition, afin d'obtenir une désagrégation lente de la substance putrescible ; il est survenu une mousse blanche fine et des infusoires.

L'eau fabriquée fut remplacée par de l'*eau distillée* et, toutes choses égales d'ailleurs, les résultats ont été encore favorables.

Donc les *germes* ne viennent pas exclusivement de l'eau.

Nous avons la certitude que le liquide fabriqué par la voie synthétique ne contient pas de germes.

On soutient que l'eau distillée peut très-bien les renfermer, incolores et invisibles. Où les sens font défaut, il n'y a plus, dans les sciences physiques, de discussion possible ; chacun garde son opinion avec une égale autorité. Abandonnons sans regret toute expérience défectueuse.

VIIIe Expérience. — La substance organique est mise en rapport avec de l'*air* et de l'*eau*, tous deux produits de la *chimie* ; on a fait agir plus souvent le calorique, parce que la température est froide, la lumière peu intense et souvent voilée par des brouillards ; ici je n'ai obtenu que des mousses.

L'eau absorbée par la matière organisée constituait une espèce de boue épaisse, fétide, et moisie ; nous aurions dû mettre de l'eau artificielle pour continuer l'expérience dans la même direction ; le liquide manquait et il fallait quitter Paris ; un élève n'est pas libre. Ayant simplement dissous le magma organique dans l'eau distillée, je vis dès le même jour apparaître des animalcules. Quelle était leur origine ? Vauquelin fut persuadé que j'avais ajouté des substances indispensables à l'éclosion des infusoires. Pour refroidir mon zèle, l'illustre chimiste fit apporter une gelée végétale ; voyez, dit-il, moins de perte de temps et résultat mousseux

tout aussi beau. Instruit par l'expérience , je préfère aujour-
d'hui les mucédinées aux mousses ordinaires ; celles-ci sont
contestables dans leurs rapports avec l'air et l'eau de l'atmosphère ; celles-là furent obtenues par des facteurs chimiques ,
irréprochables ; c'est la vie des microphites prouvée sans ré-
plique au moyen de la substance putrescible. Les infusoires
si vite apparus n'ont-ils pas la même source ? Ils étaient là.

L'ensemble de ces travaux porte l'empreinte du laboratoire
du Muséum , libéralement mis à ma disposition par Dubois,
aide de Laugier, d'honorable mémoire. En effet, tel on voit le
chimiste s'assurer de la pureté de ses réactifs , avant de procéder aux analyses ; tel doit être le physiologiste pour le choix
des éléments ou des facteurs de ses recherches avant de juger
le produit. Qu'un seul facteur soit vicié, et vous avez en fin
d'expérience, faux résultat et fausse conclusion. Pour fournir
la preuve des générations cellulipares ou spontanées, originaires de la matière organique , notre méthode analytique
est assurément préférable à l'emploi des agents naturels ,
même purifiés, toujours contestables. Dans notre plan de
physiologie expérimentale , les facteurs sont maintenus en
présence, comme ils ont coutume de se trouver dans la nature.
Examinons-les encore avec quelques détails.

La matière organique était véritablement l'X génésique à
dégager ; il fallait en déterminer la valeur dans la génération
des cellulipares. Nous avons fourni les preuves qu'elle n'est
pas toujours identique. La substance nutritive est un sol improductif par lui-même ; elle attend du dehors les germes et
les spores ; la substance cellulaire contient seule les cellules
ovulaires simples ou les moules des infiniment petits ; elle
entre spontanément en germination et produit les infusoires.
La distinction des deux substances , jusqu'ici placées sur le
même rang, explique beaucoup d'expériences contradictoires,
tour à tour négatives et positives.

Le choix de la matière organisée est fort important ; il y a
des substances capables d'être une source d'erreurs. La casso-
nade, la levûre de bière et en général les ferments doivent

être sévèrement rejetés ; la première offre des animalcules au microscope ; la seconde contient les tortules (*tortula*), espèces de champignons qui se multiplient avec une rapidité excessive ; enfin, M. Pasteur s'est occupé avec soin des organismes primaires pendant la fermentation. Nous devons nous tenir en garde contre les anguillules ordinaires du blé, de l'eau, du vinaigre, de la terre humide ou du terreau (*humus*). L'amidon fournit peu d'infusoires ; le gluten en donne une grande quantité. La farine ne produit pas de vers ; c'est le ténébrion (*T. molitor*, Lin.) qui vient y pondre ses œufs, bientôt développés en larves jaunes ; celles-ci métamorphosées en nymphes sont connues improprement sous le nom de *vers de farine*. Spallanzani a vu les infusions d'orge, de maïs, de haricot, de lupin, de riz et de lin privés d'animalcules. Il a de plus observé des microzoaires, de nature différente, peuplant les infusions de courge, de camomille et d'oseille. Tréviranus signale également les êtres différents avec les substances de nature différente. Les ovules pondus par le rotifère donnent à penser qu'ils peuvent être fixés aux matières organiques. Spallanzani n'attribuait pas une autre origine aux germes. Dans le doute, abstiens-toi ; Montaigne dit : *Que sais-je !*

Nous avons la puissance, à l'aide de l'incinération, d'empêcher les substances organiques de produire les générations cellulipares. Quand la matière organisée est réduite en cendres, elle peut être maintenue en rapport avec l'air et l'eau dans nos appareils indéfiniment ; tout restera immobile, rien de vivant ne sera créé. Savants, vous cherchez de toutes parts les germes ; ils sont là, dans vos appareils à vases clos, ce sont les cellules ovulaires ou germinatives. Détruisez en la brûlant la matière organique, et du même feu, vous porterez l'incendie et la destruction radicale aux générations spontanées. La vérité est comme la loi : *dura lex, sed lex*.

La recherche et la destruction des germes servent de but aux expériences habiles et récentes des physiologistes. Partout on s'occupe avec le plus grand zèle à étudier l'air, l'eau et les agents physico-chimiques. Cependant on n'a pas avancé beaucoup le problème des générations spontanées.

L'air pur, naturel, ardemment désiré, est fort difficile à obtenir. On a fait passer le fluide aérien à travers une couche de mercure, au milieu des acides, des alcalis, du chlorure de calcium, et même on l'a desséché en lui faisant traverser des tubes de métal rougis à blanc ; **M.** Pasteur le tamise à l'aide d'une ouate de coton ; il met encore en usage un ballon à col étiré, recourbé et sinueux, pour s'opposer à l'entrée des germes errants. Les épreuves de la purification sont rationnelles en panspermie, parce que, dans ce système, on admet des germes toujours présents, partout disposés à éclore. Assurément il résulte de la dissémination qu'il y a des germes aériens, terrestres, aquatiques ; mais il est impossible de les montrer partout et toujours. Le simple rayon de soleil qui brille à travers nos croisées entr'ouvertes nous montre les impuretés de l'air. Mais que penser des hétérogénistes refusant d'admettre les germes et allant à leur recherche, à leur destruction ; n'est-ce pas en logique combattre des moulins à vent ? Contre l'opinion fixe, immuable d'affirmer que l'eau et l'air charrient des germes indestructibles sous forme d'une matière ténue, transparente, subtile, incolore et invisible, capable d'échapper aux milieux les plus délétères, les plus corrosifs, il n'y a qu'un seul parti à prendre, on doit abandonner la purification de l'air et le fabriquer de toutes pièces.

On a tort en hétérogénie de nier absolument l'existence des germes dans l'atmosphère. Pour être témoin d'un phénomène il faut se rendre où il se trouve. Un savant, pour s'assurer du fait, obtint les vapeurs condensées d'une salle de spectacle, soit en épongeant l'eau qui ruisselle sur les vitres, soit en les récoltant sous forme de rosée sur les carafes remplies de glace. Il a constaté l'existence de *petits corpuscules*, allongés, *ovales fusiformes, cylindriques*, au milieu de petits cristaux et de débris d'étoffes, de plumes et de pellicules. Il a vu la propagation d'une multitude d'infusoires, bactéries, vibrions, monades, et même la production de végétaux primaires. Le rédacteur de la chronique pour l'*Union Medicale* s'élève à propos d'un autre résultat à peu près semblable contre l'idée de *germes produisant des germes*. Il a raison : le fait est incompréhensible sans les cellules ovulaires destinées au développement des infusoires. Dans un ordre plus élevé les œufs ne forment pas des œufs. L'analyse de l'air des salles de théâtre, des hôpitaux, des casernes, des asiles et des écoles, rendrait de grands services en hygiène publique. Voilà comment de l'étude des infiniment petits on parvient à garantir d'accidents la vie humaine.

La purification de l'eau ne le cède en rien aux recherches de l'air pur. Après plusieurs distillations on a encore constaté des particules organiques dans le fluide aqueux. L'eau potable épurée, même avec le trisulfate d'alumine comme le propose M. Birth, de Birmingham, ne possède pas le degré requis de pureté dans nos expériences. Le meilleur moyen pour couper court à toute contestation, c'est de fabriquer l'eau par synthèse chimique.

L'étude des forces physiques appliquées aux générations cellulipares a donné des résultats très-controversés. Le calorique, toujours nécessaire à l'éclosion, ne doit pas dépasser certains degrés : trop violent à 200°, il s'oppose au développement des germes ; modéré, il le favorise. Il n'y a pas un degré juste de température selon les auteurs modernes. M. Donné soutient qu'il suffit de 75° pour tuer les germes. M. Pasteur a soumis à l'ébullition les semences organiques sans arrêter la germination. M. Pouchet a fait bouillir pendant quatre heures les graines du *medicago* d'Amérique et les a confiées à la terre; elles ont reproduit la luzerne. M. Henri Berthoud argumente contre cette recherche présentée comme nouvelle ; elle paraît connue des sorciers des campagnes, et en usage dans les Flandres sans être régulière; l'objection vraiment scientifique est de soutenir que les expériences sur la cuisson prolongée des graines de luzerne (medicago) et leur germination se trouvent consignées tout au long dans les commentaires de Dioscorides. (Voyez , *Annotationes in Dioscoridem* , par *Cornelius Petri* ; Anvers, 1553.)

La résistance du principe vital n'a pas de limites fixes, bien déterminées ; on ne connaît sûrement que les extrêmes, la vie et la mort. Les cellules ovulaires doivent être réduites en cendres , poussières inertes , pour perdre les propriétés vitales. Spallanzani s'est livré à de grands travaux de physiologie expérimentale afin de constater la force latente des germes, cause de leur indestructibilité. On a vu récemment des organismes se développer avec l'air surchauffé dans des tubes rougis à blanc (Montegazza, Joly et Musset). Il est probable que les germes n'étaient pas là ; ils se trouvaient dans les cellules ovulaires de la matière organique. Soumises à une chaleur peu intense , les mucédinées, selon M. Pouchet, sont entièrement détruites.

Toute colonne d'air , placée sous l'action active du calorique, devient anhydre et ne se trouve plus dans les conditions nécessaires à la celluliparité. De pareilles expériences ne prouveraient qu'une seule chose à la rigueur, la résistance des germes à la destruction avec des températures modérées ou élevées. La ténacité vitale et organique des cellules germinatives est si puissante, qu'elle se maintient malgré le broiement de la substance, malgré une chaleur vive. J'ai vu croître des mucédinées sur du chocolat en poudre, renfermé à l'abri de l'air dans une boîte.

La vie se manifeste et se soutient dans les conditions les plus opposées. Certains êtres infiniment petits sont destinés à naître et à vivre au milieu des frimas, sous les zones du froid le plus rigoureux. On a découvert des espèces rares et vivantes au centre des glaciers sur les pics des Alpes.

Dans ces derniers temps il s'est élevé en pathogénie une grande question , touchant la présence des êtres microscopiques, soit au milieu du sang des malades atteints de fièvres graves continues (typhoïdes), soit dans les mucosités suites de l'expuition chez les malades affectés de coqueluche, et en-

core on a signalé des cryptogames sur les membranes mu-
queuses et sur la peau. La génération des cellulipares est
assurément une voie toute nouvelle, une source féconde pour
l'avenir en médecine. Mais il y a de grandes erreurs touchant
l'origine de quelques productions morbides, ainsi que l'on
peut s'en assurer dans mes *Recherches d'anatomie pathologique* sur les **Pseudo-membranes du système-muqueux**. (Voyez
Journal des connaissances médicales, novembre 1846.)

Revenons à l'influence des agents physiques sur les générations spontanées. La lumière favorise la germination cellulaire ; elle détermine la coloration plus rapide des corpuscules ; la matière verte se plait mieux aux rayons solaires ; les
mousses recherchent l'ombre ; on les rencontre de préférence
dans les endroits bas et humides. Un cadavre verdit toujours
à la lumière vive ou diffuse et la *coloration verte imprimée
sur le ventre* devient *le signe certain de la mort*, utile à
connaître en hygiène publique. Je crois avoir suffisamment
établi ailleurs les stygmates positifs, cadavériques, après
une étude longue et comparée des signes de la mort et des
épreuves pour juger une étincelle de vie.

Dans nos appareils la fertilité des générations cellulipares
tient évidemment à la quantité de cellules ovulaires, aidées
par l'action combinée des facteurs et des forces physico-
chimiques. Au Muséum j'avais coutume, pour recueillir
promptement des organismes primaires, de jeter quelques
eaux de macération autour du laboratoire d'anatomie. Il s'est
développé des cryptogames d'une couleur rouge, semblable
de loin à du sang répandu ; on s'y est trompé.

CHAPITRE XI

THÉORIE DES CELLULIPARES

Lorsque la *panspermie* réclame le bénéfice des germes invisibles pour prévaloir, elle n'arrive qu'aux vieilles idées de l'*évolution* soutenue avec talent par Haller, Swammerdam, Bonnet et Spallanzani. Quand l'*hétérogénie* s'évertue à rassembler de toutes parts des molécules organiques primitives, *undique collatis membris*, pour façonner à son gré les infusoires, elle retourne simplement à l'*épigénèse*, ancien système exposé sous une forme attrayante dans les ouvrages de Buffon, de Tréviranus, de Lamarck, de Muller et de Burdach. On rajeunit de vieux mots tombés en désuétude, car tout meurt, *omnia interit*, dit Horace. Une vaine dispute de mots change la forme sans toucher au fond des choses; c'est pourquoi la science est restée stationnaire relativement à l'origine des générations spontanées.

Dans nos recherches on a vu tous les protogermes des animaux et des végétaux procéder de la cellule ovulaire simple. Les cellulipares ont donc pour trait caractéristique, en ovologie, de marquer la souche véritable des organismes primitifs. Si l'existence des germes a été signalée avant nous, il faut avouer que l'on ignorait leur origine, recherchée tour à tour dans l'air, dans l'eau et avec la matière organique, et en hétérogénie attribuée à la combinaison réciproque de ces trois facteurs.

La celluliparité s'élève, par-dessus les germes, plus avant encore, et parvient à la cellule ovulaire simple; il n'y a rien au-delà; nous voici parvenu au moule divin de la poussière vivante. De la cellule sort tout germe, tout être, toute vie.

Purkinge désigne la *vésicule du germe* des *ovipares*; M. Coste a découvert la *vésicule germinative* des *vivipares*. En 1854 j'ai fait connaître la *cellule ovulaire simple*, ou la *vésicule du germe* des *cellulipares*. Telle est toute l'histoire de la génération des êtres à leur premier principe.

Montaigne dit : le *faict est-il ?* Oui, le fait existe, pas de matière organique, pas de générations cellulipares ou spontanées.

Cependant, la substance organisée serait inféconde ou plutôt inactive, si elle restait à l'abri du contact de l'air, stimulant indispensable pour donner le coup de fouet vital; si elle était privée d'eau, dissolvant nécessaire aux éléments agrégés, captifs. D'où il résulte que la celluliparité s'établit avec un facteur principal, la matière organique, et des facteurs accessoires, l'air et l'eau ; d'où l'origine des êtres, comme le prouve la physiologie expérimentale, que les fluides aqueux et aériens soient naturels ou artificiels.

Le phénomène de la génération spontanée manque quelquefois en présence des facteurs réunis ; c'est ainsi que nous sommes arrivé à distinguer les corpuscules nutritifs des cellules ovulaires germinatives; celles-ci représentent la tige unique et primordiale des cellulipares ; ceux-là constituent le sol organique tout préparé à l'avance pour recevoir les germes vibrants de l'air ou immergés au sein des eaux. Jamais il ne sort un seul germe de l'air et de l'eau fabriqués par le procédé de synthèse.

Au premier degré de l'échelle des êtres, les sexes et la fécondation disparaissent; la vie arrive seule, d'elle-même ; la génération primaire ou des germes est spontanée. Le principe vital nous échappe dans la cellule, où il reste latent ; il ne devient sensible, pendant une durée fort courte, qu'à l'époque de l'apparition des germes. Les cellulipares, sans aucune exception, obéissent à la loi de la spontanéité vitale.

Quelle admirable simplicité à l'origine des êtres organisés ! Quant au règne animal, depuis la monade jusqu'à l'homme, et dans le règne végétal, à partir des agames pour arriver aux arbres les plus majestueux de nos forêts, tous sortent d'une cellule ovulaire, simple ou complexe, possédant sans exception la *vésicule du germe* ou la *cellule germinative*, *moule du nouvel être*.

Les substances organiques avec ou sans le canevas de nature, sont réductibles par l'analyse chimique en molécules trilitères chez les plantes, et, en molécules quadrilitères dans les animaux ; c'est le suprême degré de réduction pour les organismes. Le règne inorganique possède seul la molécule unitère ; élément ou radical de la matière primitive. On se rappelle les deux lignes de création, l'une primordiale avec la molécule, l'autre secondaire avec la cellule : l'élément inerte ou moléculaire doit nécessairement passer par les organismes pour subir la transformation vitale ; car la vie seule donne la vie ; tout être organisé vient d'une cellule.

Sortis de la souche cellulaire les germes sont appelés à vivre plus tard sous des formes plus accentuées ; ils deviendront adultes. La nature ne fait rien sans nécessité ; ses objets sont finis, ils ont un but, son œuvre est terminée ; il s'agit avec patience de la surprendre dans un intelligent mécanisme. Les germes ont leur destinée, témoin les générations spontanées et les résurrections artificielles, témoin la dissémination.

La génération cellulipare fait raison de tout ; on sait la différence de la cellule et de la molécule ; on montre la cellule mobile devenue monade, infusoire, ou immobile, et formant alors les microphytes. Nulle part on ne rencontre, même au principe des êtres, un seul fait de transmutabilité ; chaque être conserve son rang, sa place, son espèce.

Notre point de départ est évident ; c'est la matière. Pour entrer dans le cercle de la vie, véritable tourbillon, les éléments inertes, sans cesse attirés, sont convertis par les forces vitales en matière organique. La terre n'engendre pas les êtres organisés, sans quoi la matière serait le créateur, et l'œuvre modelée deviendrait sa créature. Est-ce donc là le merveilleux spectacle soumis aux yeux éclairés par la science? De même que l'horloge suppose l'horloger, de même le moule des êtres révèle le céleste artiste. Quand on part de l'atome, élément idéal, on raisonne sur la matière, loin de l'objet, loin des phénomènes naturels; l'esprit est perdu dans l'idéologie ; il fabrique les systèmes les plus erronés.

Les générations cellulipares ou spontanées sont les pierres d'achoppement de la philosophie des sciences ; là se trouve le dernier refuge du matérialisme, et le premier essor du spiritualisme, opinions diamétralement opposées, tour à tour, dominantes ou dominées selon le génie des temps. De nos jours les savants ont de la tendance à croire la matière créatrice, suivant les idées du positivisme allemand. Originaire du nord de l'Europe, la *philosophie de la nature*, athéisme moderne, est fondée sur l'idéal, et complétement en dehors des faits exacts. On a depuis longtemps cherché à l'infuser parmi nous, dans l'espoir de faire germer ses nombreuses élucubrations. G. Cuvier a changé tout cela.

Pour échapper à l'accusation d'être partisans du matérialisme, système vague, indéterminé, certains hétérogénistes, plus honnêtes gens que logiciens habiles, ont reconnu que le Tout-Puissant pouvait bien dans sa volonté suprème avoir délégué à la matière ses droits de création. Comment distinguer alors le maître de son œuvre, si la matière crée spontanément d'elle-mème? Il n'en est pas ainsi ; elle nous offre une empreinte divine, ineffaçable, marque certaine de soumission et de servitude ; elle renferme dans ses flancs les moules des êtres organisés ; elle est impuissante à former un seul canevas organique.

Si la matière devenue tout à coup active et féconde produisait des êtres, si le génie de l'homme avait trouvé le secret de transformer la molécule inerte en cellule vivante, nous serions admis chaque jour à voir une création spontanée et volontaire avec les éléments inorganiques; telle est l'idée du panthéisme, erreur profonde, incommensurable.

Le vrai savant n'aime pas les fictions, même ingénieuses; il exige des faits positifs; il veut la preuve directe que la matière produit un être organisé. Les siècles succèdent aux siècles et la matière n'engendre pas; on attend toujours un fait, une preuve. Certes l'homme est également incapable d'animer la substance inorganique.

Nous touchons la matière de nos mains, nous pouvons la modeler en statues, la soumettre à des compositions brillantes et variées, nous la transformons sans l'avoir en puissance, sans lui donner le souffle de vie.

Que reste-t-il donc à l'homme sur la terre ? L'empire de la destruction. Depuis la cellule protogerme jusqu'à lui-même, il a l'horrible pouvoir de tout anéantir, de tout réduire en cendres, mais il ne peut faire renaître le moindre phénix de cette poussière brûlante ou attiédie. A l'Éternel seul le droit et la puissance de faire sortir la vie de la mort, à lui seul l'empire de la création.

La matière organique constitue le réservoir immense des germes, représenté en principe par les cellules ovulaires simples, sources inépuisables. La quantité de germes disséminés dans l'espace est innombrable comme les grains de sable de l'Océan. Placée sur une base aussi étendue, la vie ne pourrait disparaître à la surface de la terre qu'après la destruction radicale des cellules ovulaires : mais la fin des êtres nous échappe ainsi que le commencement; l'ère initiale et absolue de la création est à jamais perdue; l'ère finale restera toujours ignorée.

Dans la nature rien ne se crée de nouveau, tout existe ; c'est l'idée de Salomon : « Rien de nouveau sous le soleil.» L'envie et la paresse en détournant le sens de l'apophthegme, proclament avec rapidité à chaque découverte que tout est connu.

Le monde, au contraire, devient soumis à notre examen, susceptible d'être éclairé par le progrès. Récolter les faits exacts n'est pas aisé ; faciliter leur éclosion tient à la direction habile ou nouvelle de la méthode expérimentale. Dès que l'on emploie la matière organique, on emprunte les formes de la nature ; il n'y a pas loin à chercher pour découvrir les générations spontanées ; elles sont là, au milieu de nos matras, constituées par les cellules germinatives. Autant de cellules ovulaires, autant de germes ; le principe génésique s'étend à tous les êtres ovipares, vivipares et cellulipares.

La vésicule du germe est la plus grande merveille de la création. Le moule organique représente le joyau de nature, brillant, éclairant toute la genèse animale et végétale, au premier principe de formation, et aveuglant le positivisme. Il y a véritablement des cerveaux frappés de cécité intellectuelle, comme on voit des yeux perdus à la lumière ; l'infirmité morale est souvent incurable. Pour extirper le matérialisme, vieille racine de l'erreur, je présente la cellule du germe et je dis : allons, positivistes, habiles et savants, à l'œuvre, faites le moule divin de toute créature ; voilà le modèle ; voici la matière inerte et ses forces, encore une fois à l'œuvre. Hommes de haute intelligence, maîtres en l'art d'observer et d'écrire, supérieurs aux esprits vulgaires infectés sans retour, mais impuissants à créer par vous-mêmes et à transgresser l'ordre de Dieu, immuable et inscrit dans l'univers, place, place, à la vérité sur la terre.

APPENDICE

———

**CONSIDÉRATIONS GÉNÉRALES D'OVOLOGIE
COMPARÉE**

Le *règne moléculaire* désormais solidement établi sur les particules inertes, métalliques, calcaires, arénacées, granitiques, gypseuses, sur les terrains argileux et schisteux, demeure complétement improductif : de ces substances il n'est jamais sorti la plus simple bestiole, la moindre plantule.

La vie prend sa source au *règne cellulaire :* elle apparait sous deux formes, la cellule ovulaire et l'ovule.

La cellule ovulaire, *corps simple* en génésie puisqu'elle est uniquement formée de la vésicule du germe , a pour rôle physiologique de produire sans fécondation les cellulipares ou les générations spontanées. L'ovule, *corps composé* de la vésicule du germe et de la vésicule vitelline, doit être fécondé pour engendrer ; il appartient aux générations sexuées ; il possède un organe spécial de formation appelé ovaire et grappe, tandis que la cellule germinative se trouve comme enchâssée et disséminée dans tout l'organisme.

De même que chaque ovule développé sert à construire le vivipare et l'ovipare, de même chaque cellule ovulaire libre forme un cellulipare : jamais plusieurs ovules ne se réunissent pour façonner un seul être organisé ; jamais plusieurs cellules ovulaires ne se joignent dans la composition spontanée d'un infusoire simple ; une pareille connexion appartient aux organismes multiples et conjugués.

L'ovule suffit à la génération des *vivipares*. A l'ovaire, l'œuf brisé le laisse échapper dans la trompe de Fallope qu'il traverse pour se greffer à l'utérus.

Lorsque l'œuf tout entier quitte le réceptacle, il devient, quand il est fécondé, la souche des *ovo-vivipares*.

De la grappe des ovipares l'ovule tombe dans le pavillon tubaire et se trouve soumis à des vicissitudes organiques favorables à la distribution méthodique du règne animal.

Arrêtons-nous un instant à la constitution de l'œuf des vertébrés ovipaires. L'ovule ne suffit plus à la production du nouvel être, il acquiert en cheminant un surcroît de substance nutritive et se double d'enveloppes protectrices.

L'œuf des *oiseaux* est le modèle parfait du plan de structure des générations ovipares : il contient l'ovule ou le jaune et sa vésicule, et le germe avec sa cellule ; ensuite le blanc albumineux, la membrane chalazifère ou les chalazes signalées par Aristote, la membrane de la coque, le sac à air et la coquille.

Fabrice d'Acquapendente, dès l'époque de la renaissance, savait l'œuf composé du jaune et de la cicatricule à la grappe et rapportait la cicatrice à l'action fécondante rompant le pédicule au réceptacle ; tel est l'aspect du pétiole à l'ancien point d'attache du fruit à l'arbre. Après les leçons du Muséum j'écrivais ces lignes : « Dans la grappe ou l'ovaire les œufs se divisent en deux groupes : les uns sont très-petits, vésiculaires et renferment un fluide blanchâtre ; au milieu de cette liqueur limpide contenue dans une double capsule, on trouve une petite vésicule, que l'on nomme *vésicule primaire*, vésicule animale ou de Purkinje, *sphère animale et vésicule blastodermique* de Pander et de Wolf. » (Voyez *Cours sur la génération*, etc., avec planches, p. 153, en 1836.) Nommer la vésicule du germe des ovipares sans ajouter le nom de

Purkinje serait pour les ovologistes une véritable hérésie scientifique, et pourtant la gloire de la découverte revient à un Français. Le trait est d'autant plus piquant qu'il est décoché par un ami des sciences naturelles, mauvais avocat, mais helléniste profond et grand observateur ; voici le texte de Camus : « Une partie très-essentielle qui se trouve dans l'œuf, *dès l'instant même de sa première formation* et dont Aristote n'a pas parlé, est une *petite vésicule lenticulaire* placée à peu près sur l'équateur du jaune de l'œuf et fixée solidement à sa surface. Les modernes l'appellent la cicatricule, et c'est là, *dans l'intérieur de cette vésicule*, que *sont les premiers rudiments du poulet*. » (Voyez *Histoire des animaux* d'Aristote, t. II, p. 555, en 1783.) Le silence se fit honteusement autour de cette découverte, parce que le *Censeur royal* attaquait la cicatricule admise par Buffon.

L'œuf des *reptiles* est établi sur trois plans distincts, quant aux parties adventives ; la structure de l'ovule reste invariable.

Ier ORDRE. — L'œuf des tortues ressemble dans sa composition à celui des oiseaux, moins une nouvelle forme globuleuse ; la coquille transparente laisse apercevoir le piqueté de la membrane de la coque. Chez les sauriens, les œufs toujours pondus en assez grand nombre ont une configuration régulière, quelquefois allongée ou arrondie. L'enveloppe externe, protectrice, devient épaisse, coriace, élastique ; souvent elle se trouve parsemée de points calcaires.

IIe ORDRE. — L'albumine manque à l'œuf des ophidiens, ou bien l'abumine se combine dès le principe avec le jaune.

IIIe ORDRE. — La ponte des batraciens anoures est remarquable par la grande quantité d'ovules disséminés dans une masse gélatineuse. Que l'on se figure une gelée de groseille blanche dont les pepins sont les ovules. Les urodèles sécrètent une substance visqueuse qui agglutine les ovules aux herbes des marais.

Les poissons se divisent en deux ordres, d'après l'ovologie : (Ier *ordre*) les uns pondent des ovules entourés d'une substance visqueuse qui les agglutine sous des formes différentes, en chapelets, en lanières, en masses errantes bientôt fixées soit aux plantes marines ou fluviales, soit aux pierres immergées, souvent simples cailloux du rivage, pour recevoir la semence fécondante ; tous les œufs des poissons osseux, constitués ainsi, ont un volume égal comme les œufs des batraciens, parce qu'ils sortent tous en même temps des filières organiques ; (IIe *ordre*) les autres, ou les poissons cartilagineux, ont les ovules protégés par une enveloppe coriace, élastique, fermée au moyen d'une légère membrane à ses deux pôles ; membrane destinée à être rompue par la queue du petit, tandis que, chez les oiseaux, les poussins brisent la coquille avec leur bec.

Pour avoir une idée complète de l'œuf réel et cellulaire, il est indispensable de lire mes *Recherches sur les ovo-vivipares*. On arrive par un long travail à connaître un peu la nature ; la voie est lente, mais sûre et instructive ; on n'y rencontre pas les mécréants toujours prompts à dire : A quoi sert de travailler les sciences ? la justice, exilée de la terre, est à jamais remontée vers les cieux.

FIN

TABLE DES MATIÈRES

Paris. — Imp. Félix Malteste et Cie, rue des Deux-Portes-Saint-Sauveur, 22.